# 逻辑学入门很简单

## 看得懂的极简逻辑学

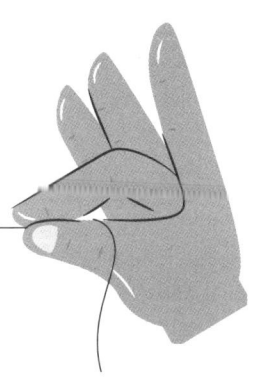

杨波 著

## 内 容 提 要

生活不是童话世界，现实问题极其复杂，想要把握事物的本质，仅凭直觉思维是不够的，还需要进行有意识的逻辑思考。对普通大众来说，系统了解逻辑学的机会并不多，故而在提到逻辑学时一脸茫然，脑海里没有任何概念。

说不出逻辑学是什么，并不意味着逻辑学距离生活很远，事实恰恰相反，逻辑学在生活中几乎无处不在，只是鲜少被注意、被提及而已。本书从生动有趣的情景片段入手，深入浅出地诠释逻辑学原理，让读者轻松了解逻辑学常识，辨别语言陷阱，批驳逻辑谬误，提高逻辑思考能力。

图书在版编目（CIP）数据

逻辑学入门很简单：看得懂的极简逻辑学 / 杨波著. 北京：中国纺织出版社有限公司，2024.9. -- ISBN 978-7-5229-1926-3

Ⅰ.B81-49

中国国家版本馆CIP数据核字第2024MD1815号

责任编辑：郝珊珊　　责任校对：高　涵　　责任印制：储志伟

中国纺织出版社有限公司出版发行
地址：北京市朝阳区百子湾东里A407号楼　邮政编码：100124
销售电话：010—67004422　传真：010—87155801
http://www.c-textilep.com
中国纺织出版社天猫旗舰店
官方微博 http://weibo.com/2119887771
天津千鹤文化传播有限公司印刷　各地新华书店经销
2024年9月第1版第1次印刷
开本：880×1230　1/32　印张：7
字数：192千字　定价：58.00元

凡购本书，如有缺页、倒页、脱页，由本社图书营销中心调换

# 序 言

在信息爆炸的时代，每天都有数不清的新闻事件被曝光，随之引发一连串的热议。

有些人不了解事情的真相，只凭借道听途说就妄下定论，认为自己手握真理和良知，站在"道德"和"正义"的制高点上进行谴责和批判。

有些人不在意事情的真相，只是单纯地想利用"负面新闻"吸引眼球、赚取流量，操控和利用缺乏独立思考能力与理性判断能力的人，借煽风点火来牟取私利。

电影《教父》里说："花半秒钟就看透事物本质的人，和花一辈子都看不清事物本质的人，注定是截然不同的命运。"面对纷繁复杂的局面，若要保持清醒的头脑，识破别有用心者的诡辩，不轻易被歪曲的言论带偏，需要具备强大的逻辑思考力。

遗憾的是，对普通大众而言，理论形态的逻辑犹如蒙着面纱的神秘少女，看不清、探不明，无论是阅读专著还是听专业讲解，对逻辑学的认识大都停留在概念层面，很难有透彻的理解，甚至觉得它是脱离现实的。

也许是因为心存这样的误解，许多人错过了认识和学习逻辑学的机会。其实，无论你能否准确地说出逻辑学是什么，它从来都不曾远离生活。逻辑是思维的规律、规则，但它没有想象中那么高深莫测、晦涩难懂，也不全是黑格尔哲学中的大逻辑、小逻辑；相反，它就贯穿于日常生活中，随时随地都在影响着我们的沟通、判断和决策。

奥斯卡·王尔德说过："逻辑没有爱情的一半重要，但它可以证明事情。"

逻辑学可以证明什么呢？最简单的回答就是，证明别人对你说的话，究竟是真是假。这个世界上的许多事物并不以我们的意志为转移，许多问题的本质和表现出来的现象也不完全一致。在听到或看到一个观点和意见时，如果我们懂得追问——这件事是不是真的？有没有确凿的证据证明它是真的？不仅可以避免上当受骗，还可以借助清晰的思考、理性的分析，拆穿谬误与谎言，探寻出事情的真相。

借由这本简单易读的逻辑学入门书，希望每位读者朋友都能够喜欢上逻辑学，并切身地领悟到逻辑学的实用价值，逐渐培养和提升逻辑思考能力，清晰冷静地看问题，客观理性地作决策，活出真正的人间清醒。

# 目 录

## 001 PART 1
### 掌握原理　逻辑学的基本规律

同一律　任何事物都只能是其本身 … 002
排中律　要么真要么假，不存在中间状态 … 004
矛盾律　两个矛盾的判断，必有一个是假 … 007
充足理由律　任何判断都必须有充足理由 … 010

## 013 PART 2
### 修正偏差　你以为的事实未必是真相

协和谬误　别再为了沉没成本将错就错 … 014
赌徒谬误　痴迷于计算概率会输个精光 … 016
诉诸怜悯　贫穷和疾病不是偷窃的理由 … 018
诉诸规则以外　规则之下没有例外 … 020
诉诸最差　再小的恶也是恶 … 022
合理化　吃不着葡萄说葡萄酸 … 023
一厢情愿　希望和现实是两码事 … 026
诉诸完美　以完美为借口放弃尝试 … 027

| 诉诸感觉 | 别太相信自己的"第六感" ··· 029 |
| --- | --- |
| 简化因果关系 | 事情的原因往往是多方面的 ··· 031 |
| 以人为据 | 狂士未必无才，性格不代表能力 ··· 033 |
| 巧合谬误 | 个别情况无法证明因果关系 ··· 035 |
| 归纳谬误 | 所有的确信都只是暂时的 ··· 037 |
| 在此之后 | 下雨和献祭活人没关系 ··· 038 |
| 机械类比 | 东施效颦，越闹越丑 ··· 040 |
| 区群谬误 | 以全概偏的认知偏差 ··· 043 |
| 回归谬误 | 万物终将回归其长期的均值 ··· 045 |

## 049　PART 3
### 辨识圈套　扰乱视听的语言迷雾

| 偷换概念 | 是真没听懂，还是装糊涂 ··· 050 |
| --- | --- |
| 混淆概念 | 令人沮丧的"买一送一" ··· 052 |
| 模糊概念 | 癞蛤蟆被认成了千里马 ··· 053 |
| 转移论题 | 为回避问题故意跑题 ··· 055 |
| 范畴错误 | 把不同的事物置入同一个框架 ··· 058 |
| 断章取义 | 孤立地截取只言片语 ··· 060 |
| 结构歧义 | 同一句话解读出不同的意思 ··· 062 |
| 答非所问 | 故意回答不相干的问题 ··· 063 |
| 故意歪解 | 刻意曲解别人的意思 ··· 066 |
| 说文解字 | 毫无根据的拆字游戏 ··· 068 |
| 套套逻辑 | 同一个主张，换汤不换药 ··· 070 |

| | | |
|---|---|---|
| 不当周延 | 白天鹅不能代表所有天鹅 ··· | 073 |
| 隐含命题 | 话里有话,弦外有音 ··· | 074 |

## 079　PART 4
### 拆穿诡辩　蛮不讲理的强盗逻辑

| | | |
|---|---|---|
| 诉诸个体 | 把个人的经历当成论据 ··· | 080 |
| 诉诸经验 | 用经验去评判是非对错 ··· | 081 |
| 诉诸无知 | 未被证明是真,就断言是假 ··· | 082 |
| 诉诸大众 | 利用群体压力来迷惑人 ··· | 084 |
| 诉诸反诘 | 把伦理道德与逻辑混为一谈 ··· | 086 |
| 诉诸沉默 | 把不说话当成是默认 ··· | 088 |
| 动机论 | 妄自断言别人动机不纯 ··· | 089 |
| 强制推理 | 伪冒理论依据来歪曲事实 ··· | 092 |
| 诉诸出身 | 把品行和能力归结为出身 ··· | 093 |
| 诉诸人身 | 故意攻击提出观点的人 ··· | 096 |
| 二难诡辩 | 把论敌推向进退两难之境 ··· | 099 |
| 设定条件 | 将论题限定在某种条件下 ··· | 104 |
| 推不出来 | 论据与论题没有必然的联系 ··· | 105 |
| 诉诸传统 | 一味地用传统评判是非 ··· | 107 |
| 无理假设 | 前提没有充分的论据支持 ··· | 109 |
| 稻草人谬误 | 反驳不过,索性歪曲论点 ··· | 111 |
| 因果倒置 | 把原因和结果相互颠倒 ··· | 113 |
| 同构意悖 | 以诡辩者之道进行反击 ··· | 116 |

不当类比　既是类比，必有不同　…　119

## PART 5
### 理性思考　别被错误的逻辑带偏

123

滑坡谬误　存在可能性，不等于必然会发生　…　124
诉诸恐惧　究竟是真危险，还是威胁恐吓　…　126
诉诸后果　结果的好坏，无法证明观点的对错　…　128
过度引申　一点小失误不足以否定整个人　…　132
预期理由　没有发生的事情，不具备可信度　…　134
采樱桃谬误　只说有利的一面，隐藏不利的信息　…　136
预设谬误　警惕那些"不正当"的假设　…　139
诱导性问题　以某种暗示诱导他人作答　…　143
诉诸权威　权威说的话也不一定是对的　…　145
因果混淆　错把相关当因果　…　147
重复谎言　谎言重复一千遍仍是谎言　…　148
事实断言　质疑并追问断言的可靠性　…　151
诉诸传言　道听途说，不足为信　…　153
破除迷信　多去关注真实的事物　…　154
简单答案不存在　复杂问题很难简单回答　…　157
固定联想　大脑的联想是把双刃剑　…　159

## PART 6
### 163　精准表达　清晰有效地传递信息

- 直觉思维　用未经证明的直觉作为论据 ··· 164
- 诉诸信心　想获得信任，得用证据说话 ··· 165
- 否定前件　"如果"与"那么"不能颠倒 ··· 168
- 双否定前提　双重否定不等于肯定 ··· 171
- 分解问题　确保每一个提问精确无误 ··· 172
- 三点式结构　将关键信息归纳成三个要点 ··· 176
- 命名谬误　"正确的废话"解释不了问题 ··· 179
- 同语反复　用明确的概念给事物下定义 ··· 180
- 无足轻重　论辩举证，切记讲出真因 ··· 182
- 善用数字　数据传递的信息更直观 ··· 184
- 融入假设　为观点增加有力的支撑 ··· 186

## PART 7
### 191　释放思维　打破思维定式的桎梏

- 鸟笼逻辑　挂鸟笼不一定非要养鸟 ··· 192
- 绝对化谬误　对待不同的事物要辩证分析 ··· 194
- 虚假两分　永远不要忽略第三种可能 ··· 197
- 触类旁通　由此及彼，解救思维卡壳 ··· 200
- 追踪思维　追根溯源，找出问题的真因 ··· 202
- 小集团思维　团队里要有不同的声音 ··· 203

**求易思维** 解决复杂问题的底层逻辑 … 206

**组合思维** 巧妙联结,实现1+1>2 … 208

**逆向思维** 不走寻常路,反其道而行 … 210

# PART 1 掌握原理

## 逻辑学的基本规律

## 同一律 | 任何事物都只能是其本身

三位秀才进京赶考，偶遇一位号称有"未卜先知"能力的老人，便询问他：我们三个人中谁能中黄榜？老人只字未说，神秘地竖起了一根手指，就把三位秀才打发走了。

数日后，三位秀才中的一位果真中了黄榜，就带着礼物特意去向老人道谢。

试问：为什么老人能够知道三位秀才中有一人可以中黄榜呢？

如果你顺着提问去思考，那就掉进了思维陷阱，因为这个老人压根就没有未卜先知的能力，他只是巧妙利用了"一根手指"的歧义。最后，无论三位秀才的科举考试是哪一种结局，老人都可以用这个手势自圆其说。

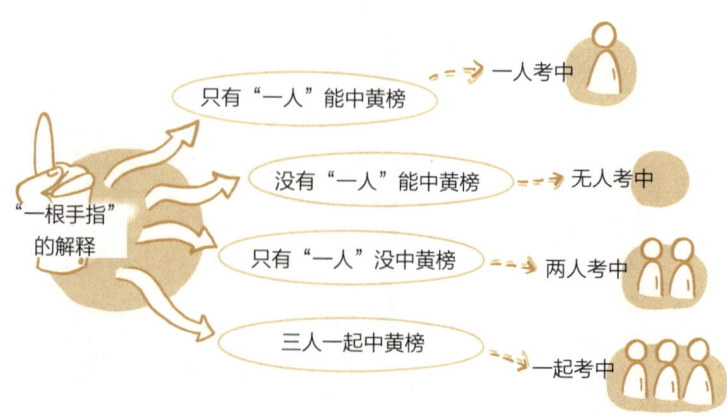

逻辑思考是一种理性思考，而合理思考的前提是符合逻辑规律。老人那个"一根手指"的手势在解释上存在"歧义"，违反了逻辑规律中的"同一律"。

> **划重点**
>
> 在同一思维过程中，必须在同一意义上使用概念和判断，不能在不同意义上使用概念和判断，即事物只能是其本身。在同一思维过程中，必须保持论题自身的同一，即就论题本身进行讨论，不能偏题、跑题、离题。

19世纪中期，许多科学家的思想还停留在"神创论"的基础上，认为万物自创世的时候就已经存在了。到了1859年，达尔文在《物种起源》中提出"物竞天择，适者生存"的观点，认为人正是因为自然选择而不断进化，最后才逐渐成为现存的"人"。

显然，"进化论"与"神创论"的观点大相径庭，各方支持者为此争论不休。1860年，支持达尔文"进化论"的英国动物学家托马斯·亨利·赫胥黎与支持"神创论"的主教塞缪尔·威尔伯福斯，在牛津大不列颠学会上进行了激烈的辩论。

辩论现场，威尔伯福斯进行了长篇的演说，他的演说暴露了他对达尔文学说的无知。最后，大主教干脆撇开科学的论据，施展浅薄无聊的人身攻击："坐在我旁边的赫胥黎教授，你说你是从猴子变成人类的，那你的祖父祖母从哪儿来的呢？"

威尔伯福斯的言论，同样是违反了逻辑学中的"同一律"。

首先，人是人，猴子是猴子，人是由古猿人进化来的，不是由另一个物种猴子变化而来的。其次，"进化"是"变化"的一种，但"进化"不等于"变化"，威尔伯福斯把"进化"和"变化"混为一谈，推断出了"人是猴子变成的"这一荒谬的结论。

## 排中律 | 要么真要么假，不存在中间状态

生活在贝尔蒙特城的鲍西亚，是一个年轻漂亮的姑娘，她家境殷实，才华横溢，有不少人慕名来求婚。不过，鲍西亚的父亲在临终前立下过一个遗嘱，要求"猜匣为婚"，不然的话，她就无法得到遗产的继承权。

父亲准备了一个金匣子、一个银匣子，还有一个铅匣子，其中只有一个匣子里装着鲍西亚的肖像。金匣子上面刻着"肖像不在此匣中"；银匣子上刻着"肖像在金匣子中"；铅匣子上刻着"肖像不在此匣中"。这三句话中只有一句为真。

鲍西亚的父亲留下遗言，如果根据上述的三句话，准确猜中了哪个匣子里装着鲍西亚的肖像，那他就可以迎娶鲍西亚。除此之外，求婚者在猜之前，还要答应两个条件：第一，必须

宣誓，如果没有猜中，绝不告诉其他人，自己猜的是哪一个匣子；第二，必须宣誓，如果猜不中，将永远不得娶妻。

很多人看到这样的条件，担心自己猜不准，而将付出巨大代价，就都退缩了。只有一些真心喜欢鲍西亚的小伙子，选择留了下来。很可惜，没有一个人猜对。最后，有一位威尼斯的青年来到这里，他深深地喜欢上了鲍西亚。这个聪明又自信的年轻人，思考了一番之后，对鲍西亚说："肖像在铅匣子里。"鲍西亚非常惊讶，打开了铅匣子，肖像果然在里面。

鲍西亚被青年的智慧折服了，两人决定结婚。她好奇地问青年："你是怎么猜到的？"

青年笑着说："我是推理出来的。金匣子和银匣子上的话相互矛盾，那么必然有一句是真的，而三句话中有一句为真，那么真话就在这两个匣子上，而铅匣子上的话肯定就是假的。铅匣子上说'肖像不在此匣中'，就说明肖像一定在此匣子中。"

### 划重点

在同一思维过程中，两个相互矛盾的思想不能同假，必有一真，其公式为"A是B，或A不是B"。如果违反了这个要求，就会犯"两不可"或"不置可否"的逻辑错误。

故事里的青年所用的推理方式，正是逻辑思维中的"排中律"。现在，我们一起来看看，在"鲍西亚的肖像藏在哪个匣子中"这一命题中,他是怎样运用排中律进行推理的。

假设肖像藏在金匣子里,那么金匣子上的话肯定就是假的,银匣子上的话就是真的。如果是这样的话,那么铅匣子上的话也是真的。然而,鲍西亚的父亲已经告知,"这三句话中只有一句为真",这就跟推论结果相矛盾。

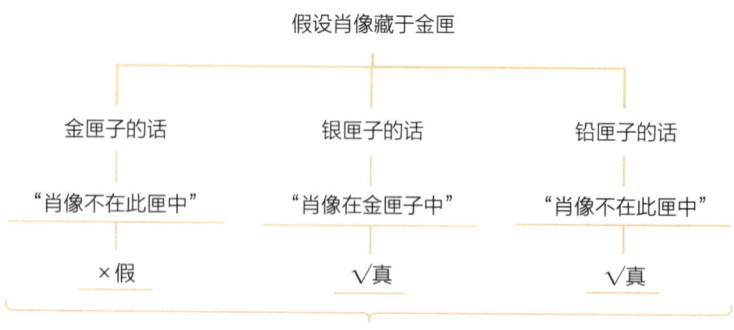

假设肖像在银匣子中,银匣子上的话肯定就是假的。那么,金匣子和铅匣子上的话就都是真的,这也跟已知条件相矛盾。

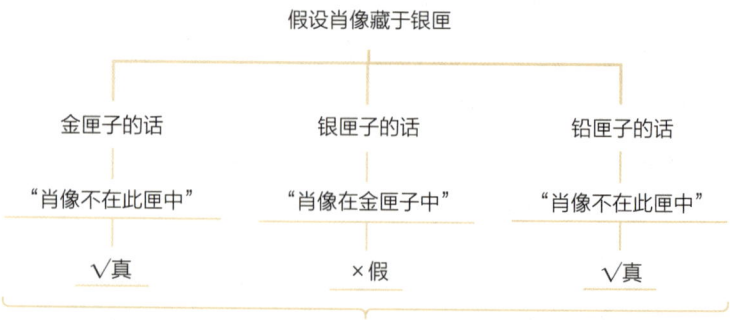

假设肖像在铅匣子中，那么金匣子上的话就是真的，银匣子和铅匣子上的话就是假的，这与已知条件相符。所以，肖像一定就藏在铅匣子中。

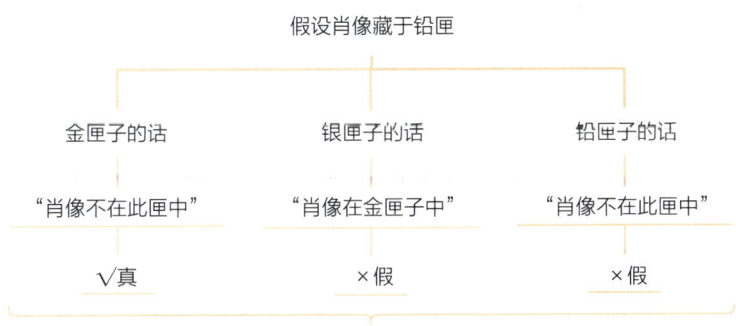

√已知"三句话中只有一句为真"与推论结果相符

在是非黑白面前，有些人故意骑墙居中，既不肯定也不否定，既同意这一点也同意那一点，这种含糊的态度，就是不置可否诡辩的特征。遇到重要的是非问题时，我们一定要态度鲜明，让说话者作出非此即彼的抉择，不能似是而非。

## 矛盾律 | 两个矛盾的判断，必有一个是假

一位年轻人想去爱迪生的实验室工作，为了博得爱迪生的好感，这位年轻人信口开河，他说："我即将发明出一种万

能溶液，它可以溶解任何物品。"

爱迪生听后，微微一笑，回应说："好吧，请你先回去制造出一个能盛放这种溶液的器皿再说。假如造好了，那你就可以到我的实验室来工作。"

年轻人听了这番话，满脸通红，立刻向爱迪生道歉，而后悻悻地离开。他意识到，自己说的话有很大的漏洞，且被爱迪生拆穿了。

任何溶液都需要用器皿来盛放，如果这种溶液真的可以溶解一切物体，那到底有能够盛放它的器皿吗？如果有能够盛放它的器皿，那它还能不能称得上是万能溶液呢？

> **划重点**
>
> 矛盾律可以看作是同一律的延伸，即在同一时间，同一方面，同一对象不能既具有又不具有某种属性。换言之，两个互相矛盾的判断，不能同为真，其中必有一个为假。

古希腊有一位著名的诗人叫埃庇米尼得斯，他曾经提出过一个广为流传的悖论："所有的克里特人都是说谎者。"然而，埃庇米尼得斯本人也是克里特人，那么，他说的这句话，到底是真是假呢？

如果这句话是真的，那么所有的克里特人（包括埃庇米尼得斯）都应该是说谎者。一个说谎者的话怎么可能是真的呢？这显然与命题不符。

如果这句话是假的，那么克里特人不全是说谎者，埃庇米尼得斯也可能属于不说谎的那些人，他是说真话的人。照此推理，埃庇米尼得斯说的"所有的克里特人都是说谎者"这一命题在逻辑上自相矛盾，也是错的。

在同一思维过程中，对同一对象不能同时作出两个矛盾的判断，不能既肯定它，又否定它。两个矛盾的说法中，必有一个是假的。揭露逻辑矛盾是一种重要的反驳方法，同时也是间接反驳的逻辑根据，有助于我们在生活中破斥诡辩。

## 充足理由律 | 任何判断都必须有充足理由

楚国大夫登徒子在楚王面前揭露宋玉的劣行,说他长得一表人才,能言善辩、口若悬河,但是本性好色,希望楚王日后不要让他出入后宫。

楚王听了登徒子的话后,就去质问宋玉。宋玉反应敏捷,逻辑缜密,还很擅长诡辩。被楚王质问的宋玉,当场便给自己洗白:"我老家有一位绝世美女,偷偷摸摸地爬墙偷窥我三年,我也从未动心,这能叫好色吗?"

接着,他又开始"抹黑"登徒子:"登徒子的妻子蓬头垢面,耳朵挛缩,嘴唇外翻,牙齿不齐,弯腰驼背且走路一瘸一拐,还长有疥疮。这么丑陋不堪的一个女子,登徒子却爱不释手,还跟她一起生了五个孩子!您说,谁更好色呢?"

17世纪末18世纪初,德国哲学家G.W.莱布尼茨在《单子论》中,提出这样一个观点:"我们的推理,是建立在两大原则之上的,即矛盾原则和充足理由原则。凭着这两个原则,我们认为任何一件事,如果是真实或实在的,提出任何一个问题或命题是真的,就必须有一个充足的理由来证明为什么是这样而不是那样。"

宋玉提出登徒子的妻子相貌丑陋是事实,但喜欢容貌丑陋的妻子,就说明登徒子好色吗?宋玉的理由和结论之间,没有必然的联系，显然是诡辩和"抹黑"！

在逻辑思维的过程中，无论是提出问题还是面对争议，都要找到充足的理由来证明其真实不虚。结论是否正确，关键就在于理由是否扎实。有充足的理由，才能说服他人。

> **划重点**
>
> 充足理由律，是指在论证和思维过程中，要确定一个判断为真，必须有足够证明它真实的理由。如果提不出充足的理由来论证它，那它就是没有根据、没有论证性的。

也许有人会问：为什么必须是"充足的理由"，而不是单纯的"理由"呢？

在同一个判断下，可以提出无限多的理由，可即使那个判断是真的，也只有一些理由被认为是充足的；如果那个判断是假的，则任何一条理由也不是充足的。

有些诡辩者为了证明假论题，往往会提出一些有利于自己论题的理由，这些理由说得再花哨，也不是充足理由，无法证明论题是真的。

# PART 2

## 修正偏差

你以为的事实未必是真相

## 协和谬误 | 别再为了沉没成本将错就错

有个年轻人在一家健身俱乐部办了会员卡,准备在未来一年内好好锻炼身体。遗憾的是,就在办卡后不久,他被查出患了某种疾病,医生告诫他:治疗期间要静养,不能剧烈活动。这个病属于慢性疾病,治疗期比较长,大概需要一年。这就意味着,他在接下来的一年里,都不能去健身俱乐部锻炼了。

怎么办?刚刚在俱乐部办的卡,还没有消费呢!年轻人立刻去俱乐部与之协商,但被告知因为是活动价格办的卡,不能退卡或转让。如果这一年里,他不来俱乐部健身,这张卡就相当于作废了。年轻人越想越不甘,最后竟然不顾医生的建议,毅然选择去俱乐部健身,还安慰自己说:我不做剧烈的活动就是了。

### 划重点

协和谬误,是指在某件事情上投入了一定成本,进行到一定程度后,发现这件事不适宜再继续下去,但因为不舍得之前投入的金钱、时间、精力等沉没成本,从而选择将错就错,造成更大的损失。

年轻人不知道带病锻炼对身体的损害是巨大的吗？不，他当然知道。正因如此，他才安慰自己说：我不做剧烈的活动就是了！如若不然，他就等于白白浪费了这笔会员费，这是让他难以接受的现实。他所面临的困境，在逻辑学上叫作"协和谬误"。

面对这样的困境，真正理性的选择是什么呢？

很简单，果断地抛弃沉没成本，带着痛苦转身。如果不止损，继续投入，可能会有柳暗花明的那一天，但概率极小，不是所有的事情坚持到最后都有好结果。很多时候，我们要敢于认赔服输、半途而废，从沉没成本中抽身而退，这样才能拥有新的开始，而不是在协和谬误的沼泽里苦苦挣扎。

## 赌徒谬误 | 痴迷于计算概率会输个精光

曾有人邀请40位博士参加一个实验,实验过程很简单,就是让他们玩100局简单的电脑游戏。在这个游戏的每一局中,他们赢的概率是60%。设计实验的人员给他们每人1万元,并告诉他们,每次喜欢赌多少就赌多少。当然,没有一个博士知道资金管理对于这个游戏的重要性,也就是赌注大小的影响等。

在这些博士中,最后有几个人赚了钱呢?很遗憾,40位参加实验的博士,只有2个人在游戏结束时,剩下的钱比原来的1万元要多,也就是5%的比例。其实,如果他们每次都以固定的100元下注的话,他们最后能够在结束时拥有1.2万元。

为什么会出现这样的情况呢?

实验人员总结发现,这些参与者们倾向于在不利的情况下投入更多的赌注,而在有利的情况下投入更少的赌注。假设前三局他们都输了,且每次下的赌注都是1000元,那么手里的钱就减少到了7000元。他们会认为:"既然已经连续输了三局,且有60%的概率可以赢,那这一次就是赢的机会。"结果,他们下了4000元的赌注,却又一次遭受了损失。然后,他们的赌注就只剩下3000元了,那么再想把钱赚回来,几乎就不可能了。

尽管这只是一个实验,但我们看得出来,它与现实中的赌徒心理如出一辙。所以，上述实验参与者所犯的这种逻辑错误，也称为赌徒谬误。

> **划重点**
>
> 赌徒谬误，是指错误地认为随机序列中一个事件发生的概率，与之前发生的事件有关，即其发生的概率会随着之前没有发生该事件的次数而增加。简单来说，就是认为一系列事件的背后，都在某种程度上隐含着相关的关系。

我们可以通过抛硬币的方式来对赌徒谬误进行分析。抛一枚质地均匀的硬币，正面朝上的概率是50%，也就是1/2；连续2次抛出正面的概率是50%×50%＝25%，即1/4；连续3次抛出正面的概率是50%×50%×50%＝12.5%，即1/8。

以此类推，连续抛出正面的次数越多，再次抛出正面的概率越小。如果你认同这句话，那么说明你也掉入了赌徒谬误的陷阱。

有一个客观事实是不变的：抛一枚质地均匀的硬币，正面朝上的概率是50%。某一次抛出正面的概率，不会因为之前抛硬币的结果而发生任何改变。即便连续抛出了5次正面，在第6次抛硬币时，抛出正反面的概率依然各是50%。

读懂了赌徒谬误，我们可以更理性地生活。

痴迷于计算概率，痴迷于主观上过度自信的判断，都可能会招致失败；学会独立地看待每一件事的概率，才是正确的思考。

## 诉诸怜悯 | 贫穷和疾病不是偷窃的理由

2019年3月，网络上报道了这样一则新闻：母亲偷1.8万元为病儿筹钱。事情的原委是这样的：

一个8岁的男孩患有神经母细胞瘤，因没有钱治病，其母把手伸向了儿童医院的病人家属，盗窃1.8万元后被警方抓获。孩子的父亲在接受采访时，向记者表示：贫穷和疾病都不是妻子伸手盗窃的理由，他希望向受害者道歉。

据了解，这个家庭原本就不富裕，因孩子治病又借了不少钱，可谓是雪上加霜。多数人很同情他们的不幸遭遇，但就像孩子父亲所说，虽事出有因，但法不容情。

在现实生活中，我们经常会看到与之相似的例子。

警察问嫌疑人："你为什么要在公交车上偷东西？"

嫌疑人解释说："我刚从外地过来，钱包丢了，身无分文，不得已才偷东西。"

我们都知道，这样的解释在法律面前是行不通的，但嫌疑人为什么要这样说呢？显然，这是一种自我辩解、自我开脱的说辞，在逻辑学上叫作"诉诸怜悯"。

# PART 2
修正偏差 | 你以为的事实未必是真相

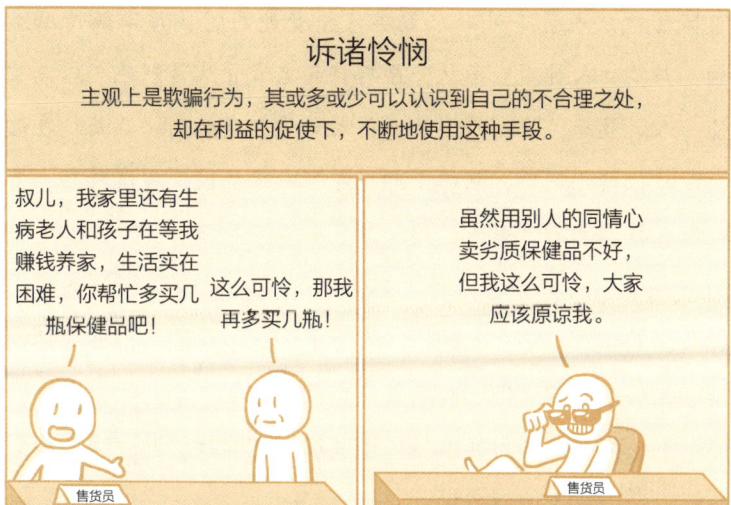

诉诸怜悯是一种逻辑谬误，它的论据和结论之间没有逻辑相关。结论的真与假，与某人的不幸境况，不存在必然联系。人类的同情心，不是支持论断的逻辑理由。

> **划重点**
>
> 在论证某一论题时，不是从正面对论题加以论证，而是利用受众对弱者的怜悯心理，诉说某人可怜、凄惨的遭遇或境况，从而激起人们的恻隐之心。这种把论证理由完全建立在情感之上，试图以此让别人接受自己观点的行为，就是诉诸怜悯。

数年前，沈阳某商贩与妻子在马路上违法摆摊，被沈阳市城管执法人员查处。在勤务室接受处罚时，该商贩情绪激动，与执法人员发生争执，最后将两名城管队员刺死，后又重伤一人。最后，该商贩因故意杀人罪被判处死刑。然而，在该商贩被执行死刑后，网络上却掀起了一阵热议，舆情激昂，甚至有人将其称为"冤死的英雄"。

一个违法犯罪者博得了多人的同情，而因执行公务死亡和受伤的城管，却无人同情。实际上，这也是因为很多人被同情心蒙蔽了理智，把所有的关注点都放在了"小商贩是弱势群体"上，而忽略了事实本身，也忽视了文明社会的底线：任何时候，暴力都不值得提倡。

人都有恻隐之心，但情归情、法归法，两者不能混为一谈。我们可以同情弱者，同情他们的处境，但我们不能同情和纵容违法者。一个理智的人，不能用逻辑谬误去代替理性思考，更不能被情绪左右而丧失客观的分析与判断。

## 诉诸规则以外 | 规则之下没有例外

某人终日游手好闲，不务正业，父母苦口婆心劝了他很久，却没什么效果。坐吃山空，入不敷出的情况下，他开始向周围的朋友借钱。

某人："能给我1000元钱吗？我过一个月就还给你。"

朋友："听说你从××那儿借的钱还没有还，有这回事吗？"

某人："噢……是有这么回事。不过，请你相信我，那只是一个例外。你知道，我一直都是个守信的人，我借你的东西从来都是准时还的，上大学那会儿……"

朋友："不好意思，我最近手头也有点儿紧，没办法借你，你再问问别人吧！"

请留意某人说的这句话——"噢……是有这么回事。不过，请你相信我，那只是一个例外。"

某人的意思是说，自己的确借了其他人的钱没有还，但那只是例外，不代表他是个不守信用的人。实际上，这完全是诉诸规则以外的谬误。

> **划重点**
>
> 规则与例外，原本就是对立的。规则就是规则，例外就是破坏规则，破坏了规则就要付出代价。

某人借了其他人的钱不还，这就是违反守信规则，他要承受的代价就是，失去个人的声誉，失去朋友的信任。既违反了规则，又不付出代价，这两种相互对立的局面，是不可能同时存在的。

## 诉诸最差 | 再小的恶也是恶

《三国志·蜀书·先主传》里有一句话:"勿以恶小而为之,勿以善小而不为。"意思是说,不要因为是较小的坏事就去做,不要因为是较小的好事就不去做。毕竟,小善也是善,小恶亦是恶。小善积多了就成为利天下的大善,小恶积多了也足以祸国殃民。

在现实生活中,我们却经常看到与之相反的情景,并听到类似这样的辩驳:

"我就是偷了东西,又没有伤人!"

"我就是踹了那只猫一脚,它不过是只动物,又不是人。"

"我就是打了她几下,又没有把她弄伤。"

依照他们的逻辑,自己做的事情只是小恶,这样的行为不是最差的,还有更糟糕的情况,所以就可以忽略不计,就可以得到原谅,免除责罚。这样的逻辑简直可笑至极。他们全都犯了"诉诸最差"的谬误。

> **划重点**
>
> 诉诸最差,是指用"这不是最差的""这不是最糟糕的"为借口来推卸自己的责任,开脱自己的罪责。

做恶与没做恶，是根本性质的问题；大恶与小恶，是严重程度的问题。诡辩者们称，自己做的只是小恶，所以应该被原谅，这是典型的避重就轻。况且，大恶与小恶、大错与小错、较差与最差，都是比较之后的产物，有比较才有"最"，如果任何事情都以"这不是最差"来诡辩，那么世间所有的行为都能够找到更加糟糕的比较对象。按照这样的逻辑诡辩下去，世间所有的恶行在诉诸最差之下，岂不是都变得可原谅、可饶恕了？

很显然，这是无理的狡辩，简直就是无稽之谈。

## 合理化 | 吃不着葡萄说葡萄酸

狐狸来到葡萄架下，看到一串串熟透了的葡萄很是诱人。可是，葡萄架太高了，狐狸很努力地往上跳，却还是够不着。这个时候，狐狸选择了放弃，但还自言自语地说："葡萄那么酸，我才不想吃呢！"

葡萄真的很酸吗？事实上，熟透了的葡萄并不酸，狐狸说葡萄酸，不过是在逃避它够不着葡萄的真正理由，如个子太矮、不够聪明、能力不足等。只是，狐狸不想面对自身的这些问题，故而想出了一个安慰自己的谎言：我不想吃葡萄。

然而，"不想吃葡萄"这个谎言太露骨了，狐狸知道自己是想吃的，于是它就要想办法掩饰这个谎言，努力把谎言转变成意识可以接受的东西。通常，谎言在经过加工之后，就成了幻想或合理化的说辞。狐狸选择了后者，说：葡萄太酸了，我不想吃。

狐狸的这种心理机制叫作"合理化"，是一种避免冲突以保护自我的方式。

合理化给予我们的行动、信念、欲望合理，或看似合理的表面解释或借口，而未碰触真正的动机。很多时候，人们选择合理化不是用来说明自己的意见，而是为了掩饰个人的不足，特别是在无法得到自己想要的东西时，就会利用"酸葡

萄"来搪塞和掩饰。

> **划重点**
>
> 合理化，是指当个体的动机未能实现，或是行为不符合社会规范时，尽力搜集一些合乎自己内心需要的理由来解释自己的行为，以减除内心的痛苦，维护自尊免受伤害。

合理化，是让自己相信的事物看起来合理，但绝大多数的论证并不是真正的理由，而是假冒的理由。所以，合理化其实是一种错误的思考方式。当内心出现对立的两种观念时，合理化就会跑出来解围，以避免内心的不一致。把行为孤立起来，并隐藏行为本身的意义，借此忽视观念的对立。

有个学生考试不及格，他不愿意承认是自己准备不足，就说老师教得不好，很多题目都没有讲过；或者说考题超出了范围。无论这些理由听起来多么"合理"，也不过是一种推诿，如果他不能正视自身的问题，就无法从失败中汲取教训，获得进步。

当遇到无法接受的挫折时，短暂地使用合理化方式减轻内心的痛苦，无可厚非。但从长远的角度来看，我们不能遇到任何问题都选择用合理化的方式来逃避，这是不成熟的心理防御机制，也是错误的思考方式，欺骗别人也欺骗自己。

## 一厢情愿　希望和现实是两码事

在过往的经历中，你有没有在脑海里冒出过这样的想法：

"我和他是多年的朋友，所以他一定不会骗我。"

"明天约好了要去爬山，所以明天肯定是晴天。"

"快过节了，超市的商品应该会有很大的折扣。"

扪心自问：你的这些推断都得到印证了吗？事实和你想的一样吗？

> **划重点**
>
> 以自己单方面的想法作为论证根据，在逻辑学上叫作一厢情愿，这也是一种常见的谬误。换句话说，就是以个人的好恶和个人意愿来判断，总是有选择地相信——相信自己愿意相信的事，相信让自己感到快乐舒心的事。

为什么我们要这样做呢？最根本的原因就是，逃避现实、回避真相。

有个女孩得了严重的"公主病"，自信心过剩，要求男朋友像对待公主那样对待她，什么事都要以她的想法为中心，处处迁就她。有一次，男友的母亲脚扭伤要去医院，但这个女孩却要求男友先送自己到车站，理由是：男朋友就应该送她。在她的思维里，男友就得围着自己转，对自己言听计从。结果，男友不堪忍受，提出了分手。

我们所希望的，只是内心的愿景和期盼，与事实无关。世界不会因为你渴望成为"公主"，就让身边所有的人都围着你转。偶尔的、无伤大雅的一厢情愿，不过是我们害怕面对失望时的自我鼓励，可像这种荒谬至极的一厢情愿，就是自欺欺人了，也是自讨没趣。

我们应当尽量避免掉进一厢情愿的思维模式中，不肯、不敢面对现实，往往会让我们在自我安慰与自我欺骗中陷入更深的困境。直到有一天，无处可逃，必须直面的时候，就会彻底陷入可悲的沼泽。所以，走出思想迷宫，勇敢面对现实，才是明智之举。

## 诉诸完美 | 以完美为借口放弃尝试

回想一下，你是否曾经被这样的念头困扰："如果一件事情，我没有办法做到完美，那就干脆不做了。"然后，这件事情就真的被搁置了，你再也没有尝试过去做它。

这样的思维方式与处理事情的方法，有没有什么问题呢？当然有！多数人不知道，这其实是诉诸完美的逻辑谬误。

> **划重点**
>
> 诉诸完美,是指用要达到完美标准的借口,阻止事情的发生。这种思考逻辑导致的结果,往往就是无限拖延,错过大量良机,甚至一事无成。

在美国南北战争时期,被誉为"小拿破仑"的乔治·麦克莱伦在掌控北方联军后,由于作战思想保守,凡事追求完美,多次贻误战机。最典型的一次是在1862年,他原本有机会从罗伯特·E.李手里夺回里士满。当时,北方联军的另一支部队正在进攻罗伯特·E.李,只要麦克莱伦率兵配合夹击,完全能将对方的军队一举摧毁。

遗憾的是,麦克莱伦犯了诉诸完美的逻辑谬误。他认为,这个战机不够完美,风险比较大,主动选择了放弃。而就在同年,安提坦战役前后,麦克莱伦再次犯了同样的错误,因过分追求完美,他又错过了对罗伯特·E.李的军队进行二打一的有利战势。

谁也无法保证做一件事可以万无一失,达到预期的完美结果。但我们不能因为达不到完美,就放弃尝试和努力。很多时候,机不可失,时不再来。况且,任何事情也只有先去做了,才有实现完美的可能。

## 诉诸感觉 | 别太相信自己的"第六感"

《吕氏春秋·察今》里讲到过一个"刻舟求剑"的故事:

楚国有一个人坐船渡江。船到江心,他一不小心,把随身携带的一把宝剑掉落到江中。船上的人都纷纷表示惋惜,但那个楚国人似乎并不着急。他拿出一把小刀,在船边刻了一个记号,并对大家说:"这就是我的宝剑落水的地方。"

大家都不理解他为什么这样做,但也没有多问。

船靠岸后,这个楚国人立即从他刻记号的地方下水,去捞取掉落的宝剑。捞了半天,也不见宝剑的影子。他觉得很奇怪,自言自语道:"我的宝剑明明就是从这里掉下去的呀,我还在这里刻了记号,怎么会找不到呢?"

至此，船上的人纷纷大笑起来，说："船一直在行进，你的宝剑却沉入水底不动，你怎么可能找得到那把剑呢？"

这个故事我们并不陌生，"楚国人找不到宝剑"的结局也在意料之中。可问题是，为什么这个楚国人会犯如此愚蠢的错误呢？

原因在于，他忘了自己当时的处境是坐船渡河，而是根据平时在岸上的经验，以为剑从什么地方掉下去，顺着这个位置下去寻找，就一定能找到。他忽略了，随着船的移动，记号处的位置与宝剑落水之处的位置，早已经不同，而他只是根据原来的感觉经验想当然地行事，所以才闹了笑话。

> **划重点**
>
> 凭借表象与感觉想当然地作出判断或推理，以为感觉之类的东西是绝对可靠的，无视任何变化以其作为论据来进行论证，都属于诉诸感觉的逻辑谬误。

战国时期的思想家列子，曾经写过一篇散文，名为《两小儿辩日》。

一日，孔子向东游历，看到两个小孩在争辩，就过去询问原因。

一个小孩说："我认为太阳刚刚升起来的时候，离人更近一些，中午的时候离人更远一些。"另一个小孩则恰恰相反，他说："太阳刚升起来时离人更远一些，中午的时候离人更近一些。"孔子听后，让两个小孩各自说一说理由。

一个小孩说："太阳刚出来时，像车盖一样大，到了中午却像一个盘子。远时看起来小，近时看起来大，这不就能证明早上离人近，中午离人远吗？"另一个小孩说："太阳刚出来时天有点儿凉，到了中午却很热，这不是近时热远时凉吗？"

听完这两个孩子的话，孔子一时间也说不出谁对谁错。

为什么孔子没办法断定这两个小孩谁是谁非呢？

因为这两个孩子的结论都是以感觉经验为论据的，且这些论据都源自生活。当时的科技条件有限，孔子尚无法从科学上对太阳有更多的了解，也只能凭借生活常识来诉诸感觉，所以他无法判别哪一种说法才是正确的。

上述的典故都提醒我们，在生活中要尽可能地避免只凭狭隘的感觉经验"想当然"，否则会陷入逻辑谬误中。很多时候，凭借感觉得出的结论，看起来似乎是合情合理的，结果却与事实大相径庭。

## 简化因果关系 ｜ 事情的原因往往是多方面的

——"大量人员死亡的原因是强烈的地震。"
——"大雪导致了铁路交通的瘫痪。"

看到上面的两句话，你有没有发现其中存在的一些逻辑问题？

细心的你，可能已经看出来了，两句话的共通之处就在于，把事件的结果归咎于某一个原因，从而忽略了其他的因素。以地震的例子来说，房屋倒塌是人员伤亡的直接原因，建筑质量低劣也是根源之一；再以铁路交通瘫痪的例子来说，大雪是一个客观因素，但能源供应不足、铁路运力不足、应急能力不足等，是不是也要被纳入考虑呢？

> **划重点**
>
> 在对一个事件进行解释时，依赖并不足以解释整个事件的具有因果关系的因素，或者着意强调这些因素中的一个或多个因素的作用，就犯了过度简化因果关系的谬误。

事实上，无论发生了什么事，其背后都有多个原因。换句话说，是这些原因共同起作用，形成了事件发生所需要的整体环境。

就"小学适龄儿童中抑郁症的发病率增速惊人"这一事件来说，新闻记者采访了各路专家，最后综合专家的意见，指出引发这一现象的主要原因有：遗传因素、同龄人之间流行的取笑戏弄、父母疏忽大意、电视新闻里泛滥的恐怖主义和战争、缺乏信仰、学习压力过大……总而言之，这些因素中的任何一个，都可能导致儿童患上抑郁症，但我们不能说某一因素是唯一的原因。

从某种意义上讲，几乎所有的因果解释都可以过度简化。所以，当被问及某一件事发生的原因时，哪怕我们提供的答案并不包含每一种可能的原因，也是说得过去的。可既然我们了解了过度简化因果属于逻辑谬误，在通过因果关系得出结论时，就要尽可能充分地考虑原因，让对方知道你并没有将因果过度简化；或者你还可以向对方说明，你在结论中所强调的因果关系，只是众多原因中的一个，但不是唯一。

## 以人为据 | 狂士未必无才，性格不代表能力

看过《三国演义》的朋友可能对这处情节有一些印象：

孙权盘踞江东多年，通过举贤任能招揽了不少的人才，为东吴的发展奠定了坚实的基础。但是，有一个人的才智不逊色于诸葛亮，却没有得到任用，这个人就是庞统。那么，身为贤明之主的孙权，为什么甘愿放弃庞统这样一个优秀的人才呢？

事情是这样的：鲁肃曾向孙权举荐过庞统，可孙权见庞统长相丑陋、行为古怪，就对他产生了不好的印象。面试一开始，孙权问庞统："你平生主要学习什么？"庞统说："没有固定，什么都学，随机应变。"孙权又问："你的才学与周瑜

相比如何？"庞统说："某之所学，与公瑾大不相同。"意思是说，我的学问大了，不在周瑜之下。

孙权原本就嫌他面相丑陋，加之听了这样一番话，对庞统更是好感全无。因为孙权平生最喜欢周瑜，而庞统却没有把周瑜放在眼里。于是，孙权就让庞统回去等消息，其实就是不想用他，找个说辞而已。庞统也明白孙权的意思，走时长叹一声。

鲁肃不理解，连忙问孙权："主公为何不用庞士元？"

孙权说："狂士也，用之何益？"意思就是，庞统太狂妄了，不想用他。

在是否任用庞统这件事情上，孙权并不是依靠理性在作决策，他犯了"以人为据"的逻辑错误。

> **划重点**
>
> 以人为据，是指判断一个人的观点正确与否时，不看观点本身，而看发表这种观点的人。通常来说，以人为据有两种类型：一是以貌取人，二是以立场看人。

以貌取人，是指根据印象来看人，对于那些印象不好的人所说的话、所做的事，都采取否定和反对的态度；以立场看人，是指当对方的立场与自己不同时，就把对方视为敌人或对手，对对方所说的话、所做的事，采取反对的态度。

孙权对庞统印象不好，就不相信庞统说的话，不相信庞统的才华。哪怕鲁肃极力推荐庞统，拿出证明庞统有才华的事例，孙权依然不用庞统。在如何看待周瑜这件事情上，庞统是不屑一顾的，这恰恰与孙权对周瑜的立场相反，这就更加剧了孙权对庞统的厌恶。由此可见，孙权犯了典型的"以人为据"的逻辑谬误。

其实，狂士未必无才，由人的性格如何，不能推出他的才华与能力。这也告诫我们，作决策之前，要理性地思考问题，要就事论事，并实事求是，切忌犯以人为据的逻辑错误，这很可能会让我们的判断产生偏差或失误。

## 巧合谬误 | 个别情况无法证明因果关系

夏日里，女孩喝了一杯冰奶茶，回到家后肚子开始不舒服，而后出现腹泻的情况。女孩据此断定，喝冰奶茶会导致腹泻。从那以后，她便不再喝冰奶茶。当别人问及原因时，她给出的理由是：喝冰奶茶会导致腹泻。不仅如此，她还劝身边的人不要喝冰奶茶，说很容易腹泻。

事实上，女孩喝冰奶茶后腹泻，只是个别情况，并不能得出"喝冰奶茶一定会腹泻"的结论。况且，她到底是因为喝了冰奶茶而腹泻，还是因为吃了其他的食物而腹泻呢？有没有可能，她在此之前还喝了其他的饮品？而这些也可能是她腹泻的原因，也许是单个的原因，也许是多个原因混合在一起，导致了她腹泻。总之，喝冰奶茶会导致腹泻这一结论，是缺乏科学依据的，不能成立。

> **划重点**
>
> 以个别情况肯定某种因果关系，在逻辑学上叫作巧合谬误。

退一步说，就算是女孩喝冰奶茶后出现了腹泻，但这也不能得出结论——喝冰奶茶一定会导致腹泻。这只是个案，无法证明每个人喝冰奶茶都会腹泻。换句话说，巧合谬误之下的个例，不能算作通例。毕竟，个体是存在差异的，消化系统的强弱、个人体质的好坏，都是重要的影响因素。

再者，女孩喝冰奶茶后腹泻，也许只是偶然现象，这与她当天的身体状况、天气情况，都有一定的关系。如果不分析这些情况，把这种偶然视为必然，从此不再喝冰奶茶，拒绝冰奶茶，这就跟"一朝被蛇咬，十年怕井绳"没什么区别。

一言以蔽之，巧合与偶然不等于必然，要找出结论与现象之间的必然联系，还要深入地研究结论背后的原因，以及现象所导致的结局。

## 归纳谬误 | 所有的确信都只是暂时的

有一只火鸡很喜欢归纳,当它发现主人第一次给它喂食是9点钟时,并没有急着下结论,而是继续细心观察。火鸡留意主人每一次给它喂食的时间,包括晴天、阴天、雨天、雪天等不同的天气下,想在主人给它喂食的时间上找出一些规律。

经过一段时间的观察,火鸡发现:无论什么天气,主人都会准时在上午9点钟给它喂食。于是,火鸡果断地得出结论:主人每天上午9点钟给我喂食。在它得出这个结论后不久,圣诞节来临了,它怎么也没有想到,主人在圣诞节这天早上9点钟把它杀了。

这是英国哲学家罗素举的一个例子,他想借助这个小故事阐述归纳谬误的问题。

> **划重点**
>
> 无论归纳了多少种事例,归纳的结论始终是充满不确定性的,只要出现了一个反面的例子,归纳的结论就会被推翻。

生活中经常会出现归纳谬误的逻辑错误。有些人在收集了一些事例后，发现这些事例可以总结出一个结论，然后就武断地得出结论，并坚信自己的结论是对的，不知不觉地陷入偏执之中。

有些女性在遭遇婚恋挫折，特别是遭遇了伴侣的情感背叛后，就会宣称："男人没有一个好东西。"这一结论是根据她们自身的见闻或亲身经历得出来的，并不能放诸四海而皆准。如果总是用这样的归纳谬误去跟另一半争辩，很容易火上浇油，招惹对方的反唇相讥，给自己增加伤害。

归纳法的确能帮助我们处理不少问题，但客观世界是很复杂的，我们的认知层次受限，过去的规律和经验不一定能够帮我们解决当下的困境。这就好比，在人们发现澳大利亚的黑天鹅之前，一直认为所有的天鹅都是白色的。

我们需要归纳法，但更要明晰一点：有限归纳法存在谬误的可能，这就是风险的根本所在。我们要秉持一种质疑精神，因为所有的确信都只是暂时的，一旦对某些事物产生路径依赖，或是"想当然"，就可能要面临失误。

## 在此之后 | 下雨和献祭活人没关系

玛雅人通过反复观察，发现农作物生长是需要雨水的：雨水少时，庄稼的收成明显减少；不下雨时，简直就是颗粒无收。这可怎么办呢？不下雨的时候，该怎么求雨呢？

现在我们都知道，抽取地下水可以解决灌溉的问题，但这个办法超出当时玛雅人的能力范围。他们选择了一个既糟糕又无效的方法——献祭活人。只要出现旱灾，就有人自愿淹死在乌斯马尔、奇琴伊察等地的天然水井中。除了人，许多珍贵的物品也被扔进井里。他们认为这样做可以取悦自己信奉的神，让神吩咐身边的少女将水瓶里的水洒向地面。

在献祭了几个活人后，天真的下雨了。为此，玛雅人得出结论：献祭有用。于是，再遇到不下雨的情况，玛雅人就选择献祭活人。当他们接受了这个错误的通则后，没有任何东西可以阻止神权政治以各种理由，为了各类神及其他特殊目的来献祭活人。

> **划重点**
>
> 当两个情况接连发生时，尤其当它们不断接连发生时，人们会不禁认为，其中一个情况可以解释另一个情况。这种想法完全没有可信度，是一种错误的思考，在逻辑学上叫作"在此之后"。

那么多的玛雅人因为"在此之后"的谬误而丧失了性命，实在令人悲痛。或许两个事物之间可能存在必然联系，但在因果关系成立之前，我们必须确认，在去除这一原因之后，结果还能不能在不违反某些公认的一般原则的条件下继续存在。

萧伯纳向来吃素，同时他也是一个伟大的剧作家。可是，当我们也选择吃素时，我们就能成为伟大的剧作家吗？醒醒吧……这两件事是独立变量，而不是相关变量。不然的话，吃上一年素，所有人的写作能力都能得到提升了。

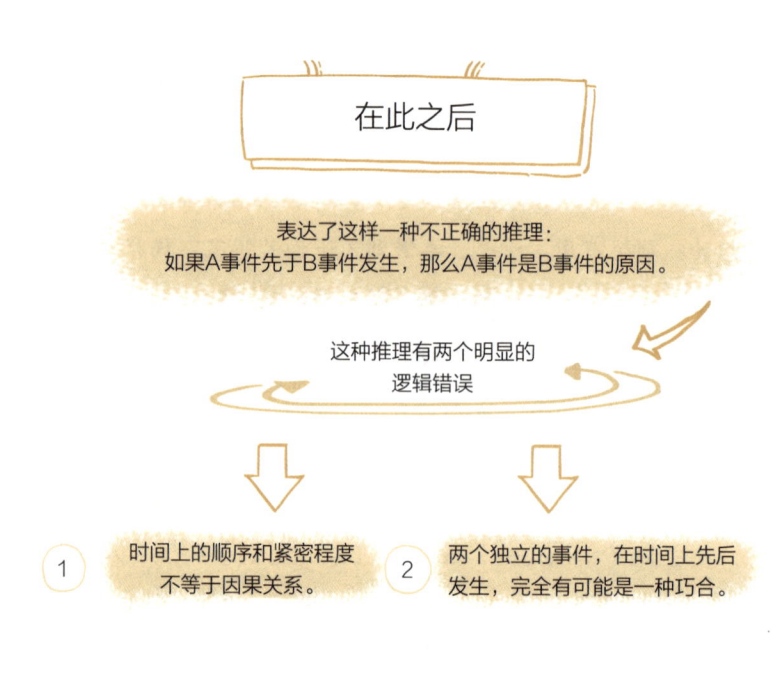

### 在此之后

表达了这样一种不正确的推理：
如果A事件先于B事件发生，那么A事件是B事件的原因。

这种推理有两个明显的逻辑错误

1. 时间上的顺序和紧密程度不等于因果关系。
2. 两个独立的事件，在时间上先后发生，完全有可能是一种巧合。

## 机械类比 | 东施效颦，越闹越丑

春秋末年，越国出了一位美女，名叫西施。这女子长得亭亭玉立，婀娜多姿。

一日，西施突发心痛病，胸口疼痛难忍。她用手按住胸口，愁眉蹙额，从村里走过。村里人见她那副样子，觉得比平时更有一种妩媚的风姿。

同村的丑女东施，听到众人赞扬西施的美貌，误以为是由于西施愁眉蹙额的缘故。于是，她也学着西施的模样，故意用手按住胸口，紧皱眉头，慢吞吞地从村里走过。

谁知，村里人见到她这副样子，一个个都躲得老远，或是关上大门，谁也不愿意多看她一眼。有一位不怕得罪人的老妇，当着东施的面挖苦她说："哈哈，你皱眉的时候，眉头上的皱纹更深了；捂住胸口弯着腰，就像一个老太婆。"

东施原本是想效仿西施的美，结果却遭到了一通耻笑，为什么会这样？从逻辑学上讲，东施是犯了机械类比的谬误。

**划重点**

机械类比，是指仅仅根据两个或两类事物的一些表面相似的属性，推断出它们也拥有其他相似的属性。

东施之所以越闹越丑，是因为她只知道西施捂住胸口、皱着眉头的样子好看，却不知道西施的美是客观存在的，是多方面的条件决定的，而不只是按住胸口、愁眉蹙额的缘故。东施忽视了自身的条件，盲目效仿西施病态的动作，结果弄巧成拙，闹了笑话。

类似的闹剧，远不止东施效颦一出。

春秋时期，宋国有个年轻人，外出求学多年，回到家后看到自己的母亲，竟然直接称呼母亲的名字。母亲很诧异，也很生气："你这孩子，去外面求学多年，更应该知书达理才是，怎么学成归来后，竟然连母亲都不叫了，你这书是怎么读的？"

年轻人理直气壮地说："直接称呼母亲的名字有什么不对吗？天下的圣贤，没有谁比得过尧和舜，可我们都是直接称呼他们的名字；天底下的事物，没有什么比得上天和地，可我们也是直接称呼它们的名字。母亲论贤德，超不过尧和舜；论地位，大不过天和地。所以，直接称呼母亲的名字，又有什么过错呢？"

听起来是不是很可笑？这个年轻人完全就是一副"书呆子"的模样。

### 划重点

类比是一种表达思想，是进行说服和教育的有力工具，但在使用类比推理的过程中，类比前后的事物，一是必须有尽可能多的共性，二是两事物的本质属性与结论之间，也要具备一定的必然联系。

我们回顾一下年轻人的逻辑：尧和舜是圣贤，可以直呼其名，没人说不对；天和地为世上最大，可以直呼其名，也没人说不对。天底下最圣贤和最大的人和事，都可以直呼其名，那么，对贤德与地位方面比不上尧舜和天地的母亲，自然也可以直呼其名。

这个年轻人把母亲与尧舜和天地进行类比，完全不顾及母亲与另外两者之间的共性微乎其微，且无必然联系。明明是他自己犯了机械类比的谬误，却还振振有词，这书读得实在令人汗颜。

## 区群谬误 | 以全概偏的认知偏差

某女孩问一位男同事："咦，你今天还在加班，不回去看比赛吗？"

男同事说："看什么比赛？"

女孩很诧异，说："世界杯啊！男同胞们不是都很喜欢足球吗？"

男同事摇摇头，说："我对足球一点儿兴趣都没有，也不了解。"

上述事件中的女孩认为，所有男人都会喜欢足球，并热衷于看世界杯。但她没想到，自己身边的这位男同事是特例，压根都不看足球。在这件事情上，女孩犯了一个严重的逻辑错误，那就是"区群谬误"。

> **划重点**
>
> 区群谬误是一种在分析统计资料时经常会犯的逻辑错误，指仅仅基于群体的统计数据就对其下属的个体性质作出推论。这种谬误假设了群体中的所有个体都具有群体的性质，是典型的以全概偏。

区群谬误，这个概念最早出现在美国社会学家威廉·罗宾逊1950年发表的文章中。

1930年，美国进行了一次大规模的人口普查，罗宾逊针对这次普查结果，分析了48州的识字率以及新移民人口比例的关系。结果发现，两者之间的相关系数是0.53，也就是一个州的新移民人口比率越高，平均来说这个州的识字率就越高。然而，当罗宾逊分析个体资料时，却发现了不一样的情况：移民比率与识字比率之间的相关系数是-0.11，即平均来说新移民比本地人的识字率低。

为什么会出现看起来矛盾的结果呢？罗宾逊通过调查研究，终于搞清楚了原因。原来，新移民普遍倾向于在识字率较高的州定居。由此，罗宾逊提出：在处理群体资料或区群资料时，必须注意到资料对个体的适用性。

这里需要说明的是，罗宾逊并不是指任何依据群体资料对个体性质作出的判断都是错误的，而是说据群体资料推断个体资料时，必须注意群体资料是否会把个体的特殊性隐藏起来。

要避免区群谬误，应当在整体认识某一群体的基础上，用具体的眼光去看待群体中的个体。尽管群体的特性可能适用于个体，但未经调查，不能盲目地把群体的特性挪到个体上。毕竟，个体可能具有与群体相一致的特性，也可能具有和群体截然不同的特性。

## 回归谬误 | 万物终将回归其长期的均值

我们来看看下面这几个推理——

### 比赛

阿牛上次打乒乓球比赛，成绩特别烂，教练把他狠狠地训斥了一顿。结果，下一场比赛时，阿牛表现得很好。所以，责骂可以提高阿牛打乒乓球的成绩。

### 考试

阿牛的本次数学测验得了100分，老师和家长对他称赞不绝。结果，下次测验时，阿牛只得了90分。然后，他被骂了。结果，第三次测验时，他又得了满分。所以，夸奖会让学生骄傲，使成绩下降，责骂可以让学生成绩进步。

### 发烧

阿牛生病了，连续两天发烧到39℃，第三天吃了退烧药，烧就退了。所以，阿牛退烧是因为退烧药发挥了效用。

你有没有发现，上述的这些推理存在问题？

> **划重点**
>
> 从逻辑学上来说，如果不考虑统计学上随机起落的回归现象，造成不恰当的因果推理，就犯了回归谬误。

人在比赛中的表现，往往是不确定的，时好时坏。当前一次打出很少发生的极其糟糕的成绩时，即使什么都不做，下一次也可能会打出比上一次好的成绩。同样，如果前一次的表现罕见的出色，那么下一次的比赛成绩，通常会比前一次差。

人不可能在考试中次次都拿满分。以阿牛来说，可能你不称赞他，他第二次测验也会得95分；你不责骂他，他第三次测验也会拿到满分。这是学生实力的本身，不能断定是受夸赞或责骂的影响。

发烧两天以后，有时不吃药也可能会自行好转，不能就此认定是退烧药发挥了效用。

从统计学上看，事件发生的概率总是围绕一个均值来回波动，这叫作"均值回归"。之所以会发生上面的推理谬误，就是因为忽略了这一规律，错误地从回归平均的现象中得出错误的因果关系。即看到一件事发生后，某个指标回归平均，就认为这件事是导致该指标发生变化的原因。

既然回归谬误会让我们犯错，那我们该如何避免它呢？

首先，能够意识到回归谬误的存在，本身就能够减轻一些负面的影响。我们在生活中要经常提醒自己，盛极必衰、否极泰来，尽量保持一颗平常心。

其次，客观数据可以带给我们一些帮助。多观察自己的历史表现数据，不要因为一两次超常发挥，就盲目地自信；也不要因一两次偶然的失误，就自暴自弃。客观的数据，能够让我们更加理性地作出分析。

# PART 3

## 辨识圈套

### 扰乱视听的语言迷雾

## 偷换概念 | 是真没听懂，还是装糊涂

某中学的历史课堂上，老师提问一学生："你是怎样认识秦始皇的？"

这位学生回答道："老师，我不认识秦始皇。"

全班同学听到这个答案后，哄堂大笑，老师也是哭笑不得。

我们都知道，老师所说的"认识"，是指对秦始皇这个历史人物的评价和理解；而回答问题的那个同学所说的"认识"，是指日常生活中的交往。

如果学生是因为没听明白问题才这样回答，那么他是犯了"偷换概念"的逻辑错误；如果他是因为功课没学好而故意打马虎眼，那就是地地道道的诡辩了。

> **划重点**
>
> 偷换概念，就是同一思维过程中，在中途改变一个概念的内涵或外延，把一些看起来一样的概念进行偷换，把一个事物的原意用狡辩的手法换成另外一种看起来也可以成立的解释，把假的变成真的，以此来转移他人的注意力，以达到某种目的。

## 偷换概念

是一种违反同一律的逻辑错误。

偷换思维对象,造成文不对题。

按照逻辑思维的要求,说话或辩论中的概念,都要保持统一。但由于辩论和言语具有思想的自由性,因而说话者通常可以自己设置规则,来改变游戏的玩法。偷换概念,就是辩论者趁对方不注意,换掉了原来的说法的概念,从而导致逻辑错误,想借机蒙混过关,扰乱对方对某件事情的判断。通俗地说,就是有意或无意地歪曲对方的原意。

日常生活中与人交流时,一定要听清楚对方在讲什么,牢记对方提到的概念,再跟对方确认其定义,保证以后提到这个词时,也是同样的意思。

富有逻辑的表达，通常都有明确的逻辑主语。如果对方口中的对象发生了偏移，一定要多加留意，主语或指向对象可能正在被改变。此时，务必跟对方明确逻辑主语，在得到对方明确的答案以后，得给对方设置一个前提，限制概念使用的范围。如此，可以有效地避开偷换概念的逻辑陷阱，不上诡辩家的当。

## 混淆概念　　令人沮丧的"买一送一"

逛商场的时候，你一定看到过"买一送一"的醒目字样，它们往往被摆放在某些促销物品的正上方。远远地看去，你真的以为就是那件物品买一件送一件，于是径直地奔着这个超值优惠走了过去。可是近距离一看，或询问导购之后，高涨的心情跌了一半：人家说的"买一送一"，和你想的完全不一样！

・买一条裤子，原来只送一双袜子

・买一桶花生油，原来只送一个漏斗

・买一支牙膏，原来只送一个刷牙杯

・买一套房子，原来只送一盒老婆饼

商家打出"买一送一"的广告，为的就是吸引消费者的眼球。这个"买一送一"的词语中，包含着混淆概念的问题。

> **划重点**
>
> 混淆概念,是指在同一逻辑思维过程中,把不同的概念当成同一概念来使用,或将一些表面相似的不同概念当成同一概念来使用而犯的逻辑错误。

《韩非子》中有一则关于"卜子之妻"的故事:

郑县人卜子让妻子给他做裤子。妻子问他:"你要的裤子是什么样的?"卜子说:"像我的旧裤子那样。"结果,妻子毁了新裤子,把它改成了旧裤子。

很多时候,我们对那些较为接近的事物和现象,在其概念的内涵和外延上存在辨别障碍,故而很容易被迷惑。想要避免概念混淆,需要准确把握所使用的概念的内涵与外延,注意对同音异义词和近义词的区分和辨别。只有严格区分易混淆的概念,并结合真实的情境和语境,才能少犯概念混淆的逻辑错误。

## 模糊概念 | 癞蛤蟆被认成了千里马

伯乐是春秋时期有名的相马之人,本名叫孙伯。

相传,伯乐有了儿子之后,很想把自己相马的本领传承下去,为此每天潜心教诲儿子。很快,儿子长大了,伯乐认为儿子可以出师了，就让他独自去寻找千里马。

临行前，儿子问伯乐："到底什么是千里马呢？"伯乐笑答："脊骨弯曲，额头隆起，眼睛突出，善叫会跳。"儿子牢记这16个字，背着行囊出发了。

一年过去，伯乐的儿子走了许多地方，却始终没有寻到父亲说的千里马。一个夏日的夜晚，因为走得太累了，又没有地方能住宿，伯乐的儿子就在临近池塘的亭子里休息。池塘边传出"呱呱"的叫声，吸引了伯乐的儿子。他拨开草丛一看，喜出望外："简直就是，踏破铁鞋无觅处，得来全不费功夫！"然后，他就捧起了一只"千里马"，踏上了回乡之路。

到家后，儿子连忙把"千里马"拿到伯乐面前。"父亲您看，这就是我找到的千里马，它完全符合您说的——脊骨弯曲，额头隆起，眼睛突出，善叫会跳。"伯乐定睛一看，不知该哭还是该笑。儿子手中的，正是一只癞蛤蟆。

为什么伯乐的儿子会把癞蛤蟆当成千里马？这跟伯乐的表述有关，他没有准确地描述"千里马"的范围，只是强调了"千里马"的外形和特点。在没有充分了解概念的情况下，伯乐的儿子犯了模糊概念的错误。

### 划重点

在思维过程中，人们所提及的概念都应当有准确的范围和含义，概念之间也要有确切的联系。所谓模糊概念，就是指对象性质、范围和相互关系不确定、不明朗的现象。

通常，一个人的身高、体重、收入等，这些概念都有明确的范围，但如果用这样的话语来描述，如"这个人挺高的""这个人挺重的""这个人收入处于中等水平"，那么听的人到最后也不知道，究竟是多高，究竟有多重，收入几何。

在听别人讲话时，一定要仔细辨别那些有相对含义的概念，并根据这些概念进一步提问，以避免出错。当然了，光听得懂还不够，我们还得学会清晰表达。我们表达一个观点、描述一件事物时，要尽可能秉持"简单原则"，摒弃抽象的描述，简化语言的枝叶，把要表达的事实言简意赅地说出来。这样的话，听者就不至于一头雾水了。

## 转移论题 | 为回避问题故意跑题

苏轼在《艾子杂说》中，提到过这样一个故事：

有一个脑子不开窍的营丘人，平时很喜欢追着别人问问题，可对别人的讲解，又不太能明白，经常会把人问得烦躁不已。

一天，营丘人问艾子："拉大车的骆驼，为什么脖子上要挂一个铃铛？"

艾子告诉他："大车和骆驼都是庞然大物，且经常在夜里赶路，怕狭路相逢，难以避让。所以就挂个铃铛，听到铃声，对方就能做好让路的准备。"

营丘人点点头，又问："高塔上挂铃铛，也是为了夜里行路相互避让吗？"

艾子说："你怎么不通事理？鸟雀们都喜欢在高处建巢，把鸟粪拉得到处都是。高塔上挂铃铛，是为了借风吹响，赶跑鸟雀，这跟骆驼挂铃铛不是一回事。"

营丘人挠挠头，继续问："老鹰的尾巴上也挂铃铛，可没有鸟雀在老鹰的尾巴上搭建巢穴呀？这又怎么解释呢？"

艾子无奈地说："你这个人真奇怪。老鹰捕捉小动物，如果不小心飞进树林里，脚被树枝绊住，只要拍拍翅膀，铃声一响，主人就能循着声音找过去，这跟高塔挂铃铛防止鸟雀筑巢怎么能是一回事呢！"

营丘人还是不明白，又问："以前我看过出丧，队伍前面的挽郎唱着歌，摇着铃，那时候我不知道他为什么要这样做，现在我明白了，他是为了脚被树枝绊住时，能让别人尽快地找到他。"

艾子再也忍不住了，恼怒地说："那是在给死人开路！人活着的时候，喜欢跟别人瞎争论，所以死后人们摇铃，是为了让他开心！"

如果我们在生活中遇到像这个营丘人一样的人物，不知得费多少口舌，生多少气。他问了艾子好几个问题，主题都是"挂铃铛是为什么"。当艾子回答了一种挂铃铛的作用时，营丘人就无意识地理解成后一种挂铃铛也是这个用途。

挂铃铛这件事，在不同的对象上，目的是不一样的。如果营丘人在得到第一个问题的回答后，再转入第二个、第三个问题，这样的对话就符合逻辑了。可是他不明事理，总是把前一种挂铃铛的情况跟后一种挂铃铛的情况理解为同样的作用，把不同的论题搅和在一起。他在不知不觉中犯了转移论题的谬误。

> **划重点**
>
> 转移论题，就是在同一思维过程中，把有些联系或表面上有些相似的不同话题，当作相同的话题来使用，从而导致本来该讨论的话题得不到进一步讨论。

像营丘人这样的人，属于典型的"不开窍"，在生活中并不常见。相较而言，更为普遍的情形是，明知道事情是怎样的，却故意转移论题，这属于诡辩。

明代有一位姓靳的内阁大学士，他的父亲不太出名，儿子也不太争气，但他的孙子考中了进士。这位内阁大学士经常责骂他的儿子，说他是不成材的东西，不知道上进。后来，儿子实在忍受不了他的责骂，就跟内阁大学士吵了起来。

当内阁大学士指责儿子不成气候时，儿子说："你的父亲不如我的父亲，你的儿子不如我的儿子，我有什么不成材的呢？"听完这句话，内阁大学士瞬间被逗笑了。自那以后，他就不再责骂儿子了。

我们都看得出来，内阁大学士要跟儿子辩论的是"儿子是否成材"的问题，但儿子故意把这个论题转换成了"你的父亲和我的父亲相比，你的儿子和我的儿子相比，结果如何"的问题，恰好把原来要辩论的问题回避了。

在生活中，为了避免犯转移论题的错误，我们必须了解清楚自己的批判对象，认真把握批判论题的原意，不能主观武断地确定论题的原意，任意地进行批驳。

### 转移论题和偷换论题的区别
区别在于是否存在主观上的故意

**转移论题**
转移论题，也称离题或跑题，是指在同一思维过程中，无意识地违反同一律，更换了原判断的内容，使议论离开了论题。

**偷换论题**
偷换论题是指在同一思维过程中，为达到某种目的，故意将某个论题更换为另外的论题，并把这个论题当作原来的论题，这是诡辩者常用的伎俩。

## 范畴错误 | 把不同的事物置入同一个框架

一位妈妈带着年幼的孩子去师范大学参观。他们一起游览了校园，看到了教学楼、操场、图书馆，也看到了学生和老师。可这个时候，孩子却问了一句让人哭笑不得的话："妈妈，师范大学在哪儿呢？"

在这个情景中，孩子把大学和自己所参观的个别设施放在了同一个范畴里。年幼的他并不知道，大学和他所看到的校园、教学楼、操场等个别设施，是一种包含与被包含的关系，而他却将其视为并列关系，这就是逻辑学上的范畴错误。

划重点

范畴错误，也称为范畴失误，是指将既有的属性归属到不可能拥有该属性的对象上，是语义学或存在论的错误。

下面这两句话，就属于范畴错误：

"曹雪芹是一个天文学家。"

"滨海公园里有狮子和老虎吗？"

曹雪芹是《红楼梦》的作者，他是一个文学家，但不是天文学家；滨海公园是一个露天的公园，不是动物园，不可能有狮子和老虎出没。

小孩子经常会犯范畴错误，因为他们不谙世事，对很多常识尚不了解，也不太懂得分门别类，或是用心体会多个并列关系组合起来的综合性范畴。作为成年人，虽然我们很少犯简单的范畴错误，但在向他人提问之前，最好也要三思一下，尽量别犯类似的错误，免得贻笑大方。

## 断章取义　孤立地截取只言片语

一位学生在作文中引用了爱迪生的话作为论据，他写道："伟大的发明家爱迪生说过，天才是1%的灵感加上99%的汗水，可见只要足够勤奋、足够努力，就能成为天才。"

老师看过这篇作文后，把这句话标了出来，并批注道："请查看爱迪生的完整原话。"

爱迪生的完整原话是怎么说的呢？我们一起来看一看——"天才就是1%的灵感加上99%的汗水，但那1%的灵感是最重要的，甚至比那99%的汗水都要重要。"

很明显，爱迪生的原话强调的是灵感的重要性，可那位学生在作文中却只引用了这句话的前半部分，强调了勤奋努力的作用，这与爱迪生的本意相差甚远。

**划重点**

不顾整篇文章或谈话的真实内容，孤立地截取其中的一句或一段来进行分析，曲解原意进而加以利用或攻击，就犯了断章取义的谬误。

生活中，我们经常会听到或看到一些名人名言，而那些名言却总是由于各种原因被断章取义。

断章取义1："知识就是力量。"

真实的原话："知识就是力量，但更重要的是运用知识的技能。"

这句话是培根的名言，他强调的是运用知识的技能，叫在被人们断章取义后，却变成了过分强调知识本身，这显然属于断章取义。

断章取义2："吾生也有涯，而知也无涯。"

真实的原话："吾生也有涯，而知也无涯。以有涯随无涯，殆已！"

这句话出自《庄子》，其意是：人的生命是有限的，知识是无限的，用有限的生命去追求无限的知识，那是很危险的。庄子想告诉世人的是，生命有限，不能没完没了地去追求无限的知识。可被人们断章取义之后，剩下的前半部分，与真实的原意恰恰相反。

看到这里，希望大家能够有所反思：想引用名言警句作为论据，应该先看看完整的原版内容，不要犯断章取义的谬误。

## 结构歧义 | 同一句话解读出不同的意思

系主任的秘书开会回来,向领导汇报工作:"今天的活动,有两个报社的记者参加。咱们的活动很快就要上报纸了。"秘书说这话的时候,脸上露出得意的笑容。

听完汇报的领导,此时却皱着眉头,问道:"嗯?有两个报社的记者参加……你说的这句话有问题啊。我听了半天,也不知道有多少个记者参加了这次活动!"

系秘书一琢磨,还真是这样,自己说的话存在严重的歧义。幸好,她只是口头汇报了工作,要是把这句话写在文章里,发布在校园的公众号上,那才是闹笑话呢!

系秘书在汇报工作时提到"两个报社的记者",这里面含有语法结构的不确定性,既可理解为两个记者(来自同一家报社),又可理解为记者(数量不确定)来自两个报社,所以是犯了结构歧义的逻辑错误。

**划重点**

结构歧义,是指语句中的语法结构具有不确定性而导致判断发生歧义。

儿子正在看书,妈妈问他:"你看的是什么书?"

儿子回答说："我在看一本现代战争小说，特别精彩。"

这个回答让妈妈一头雾水，见儿子看得正起劲，她也没再追问。其实，她仍然不知道儿子看的到底是什么书。

儿子的回答是"现代战争小说"，这里含有语法结构的不确定性，既可以理解为描写战争（现代或古代均可）的现代小说，也可以理解为描写现代战争的小说，也难怪母亲会听得一头雾水。

要消除结构歧义，最好的办法就是改变原来的表述方式，让其具有确定性。

以上文的两个故事为例，系秘书可以对领导说"今天的活动，有两位记者参加"，或者"今天的活动，有两家报社的记者参加"；儿子在回答母亲的问题时，可以说"一本现代的战争小说"，或者"一本关于现代战争的小说"。如此表述，就很清晰了。

## 答非所问 | 故意回答不相干的问题

森林里住着一头贪婪的狮子，它想把山羊、猴子和兔子这些臣民，统统都吃掉。但是，无缘无故地把它们吃掉，似乎不太合适，毕竟还有其他的臣民，需要给它们一个交代。怎么办呢？狮子琢磨了好几日，想到了一个绝佳的借口。

狮子把山羊、猴子和兔子叫来，对它们说："你们臣服于我已经有一段时间了，我想看一看，在我的统治之下，有没有腐败的现象。"

狮子张开它的大嘴，冲着山羊问："我嘴里散发出的气味怎么样？"

山羊直率地说："大王，您嘴里的气味很难闻。"

狮子勃然大怒，吼道："你竟然敢诽谤国王，我要以诽谤罪将你处死。"说完，狮子毫不犹豫地把山羊吃了。

猴子目睹了这一切，赶紧讨好狮子，说："大王，您嘴里的口气芬芳扑鼻，很好闻。"

狮子奸笑道："你这个狡猾的东西，满嘴谎言，还喜欢溜须拍马。留着你这样的大臣，将来必定祸患无穷。"说完，狮子把猴子也吃掉了。

现在轮到了兔子，狮子问它："你觉得，我嘴里的气味怎么样？"

兔子很聪明，灵机一动，回答说："大王，真的很抱歉，我最近患了感冒，鼻子塞住了，闻不出气味来。等我回去休息几天，感冒好了再回答您，好吗？"

狮子找不到口实，只好把兔子放了。趁此机会，兔子逃之夭夭。

有些特殊的情境下，真话说不得，假话也说不得，最好的办法就是不说。兔子在回答狮子的问题时，巧妙地利用了回避问题的策略，未给狮子留下口实。

> **划重点**
>
> 答非所问，是指在回答问题时，有意或无意地回答不相关的问题。

美国前总统里根访问中国期间，曾到上海复旦大学参观，并参加了学生见面会。当时，有个大学生问里根："您在大学期间，是否想过有一天会成为总统？"面对这一问题，里根是这样说的："我在大学学的是经济学，我还是一个球迷，当时美国有四分之一的大学生要失业，所以我只想找个工作，于是就做了体育新闻广播员……"

里根说了很多，但并没有直接回答那位学生的问题，他在用答非所问的方式回避这个难题。在公众场合，有些话不方便直接回答，但又不能失礼，毕竟那位学生并无恶意，只是好奇而已。他选择用答非所问的方式，有效地避免了尴尬。

面对一些不好回答的问题，或者在不适合直接回答的场合中，我们可以用答非所问的方式巧妙回避问题。需要注意的是，在该说真话，需要直接表达意见时，我们还是要真实地表达。否则的话，会给人留下一种虚伪狡猾之感，让人觉得不够真诚、不可信任。

### 答非所问

回答者在自己和问题之间设立了一道屏障，将问题推开或者引导到另一个方向。

> 老板，你的店里有葡萄吗？

> 店里有刚到的香蕉，很新鲜的，您看一看。

## 故意歪解 | 刻意曲解别人的意思

某公司的员工在上班时间吃零食，刚好被部门经理抓个正着。经理瞪了员工一眼，问道："上班第一天就让你们看过规章制度，工作时不准吃东西，你不知道吗？"

员工笑嘻嘻地说："经理，我看见了，但我吃东西的时候，没有工作。"

经理皱了皱眉头，说："什么？你再说一遍。"

员工解释说："公司规定工作时不准吃东西，所以我没有工作的时候，当然可以吃东西了。您说是不是？"

经理长出了一口气，说："赶紧干活去！就会耍贫嘴。"

明明就是违反了公司的规章制度，却还满嘴歪理，似乎自己没有做错什么。这样的员工，就算是伶牙俐齿，想必也不会给领导留下什么好印象。换作是脾气不好的领导，可能早就让他走人了。

> **划重点**
>
> 明明知道对方的意思，却故意曲解成另一个意思，造成概念或话题转移，达到出其不意的目的，在逻辑学上叫作故意歪解。

很多时候，故意歪解是一种诡辩技巧，把对自己不利的话语，歪解成对自己有利的意思，就如上面所讲的例子。但有些时候，面对自己不能回答、不想回答、不会回答的问题时，也可以用歪解诡辩术来回应，这也是一个明智的策略，至少比直接拒绝更容易被接受，且不会破坏沟通的氛围。

## 说文解字 | 毫无根据的拆字游戏

鲁迅先生的短篇小说《孔乙己》，不少朋友看过，并对那个"站着喝酒而穿长衫的唯一的人"印象深刻，笑他。小说里写到过这样一件事——

孔乙己到了咸亨酒店，排出九文大钱，对柜里说："温两碗酒，要一碟茴香豆。"见此情景，旁边的人故意高声嚷道："你一定又偷了人家的东西了！"孔乙己听到这样的话，自然很不乐意，睁大眼睛说："你怎么这样凭空污人清白……"对方搬出了证据道："什么清白？我前天亲眼见你偷了何家的书，吊着打。"孔乙己涨红了脸，额上的青筋条条绽出，争辩道："窃书不能算偷……窃书！……读书人的事，能算偷么？"接连便又说了一些晦涩难懂的话，什么"君子固穷"，什么"者乎"之类，引得众人哄笑起来。

当有人提及孔乙己偷东西的问题时，孔乙己为自己争辩，说："窃书不能算偷……窃书！……读书人的事，能算偷么？"在这里，孔乙己想利用"窃"来掩饰"偷"，进行"说文解字"的诡辩，可惜他用得不太好。大家都知道，窃与偷是同义词，没有本质的区别。

> **划重点**
>
> 中国的语言很精妙，如果将字词进行拆解和趣解，往往就会衍生出另一番意思。特别是在辩论中，巧妙地说文解字，更是可以达到诡辩的目的。

有人说起中国传统中"重男轻女"的思想，认为有失公平。这个时候，诡辩者就提出：中国传统上是重女轻男，不是重男轻女。他给出的理由是：汉字中有一个"好"字，这个字是由"女"和"子"组成的，女子等于"好"，可见，古人认为生女儿好，这不是重女轻男吗？

按照上面的说法，汉字里还有"孬"这个字，把它拆开的话，不就是"女子不好"吗？这又怎么解释呢？说到底，这就是文字游戏而已，平日里取乐也就罢了，如果乱用的话，可能会给自己带来麻烦。

三国时期的谋士杨修，就死在了说文解字上。

当时，曹操在汉水与刘备对峙多日，进退两难，举棋不定。一天晚上，夏侯惇进帐请夜间口令，曹操看见桌子上的鸡肋，随口就说了一句："鸡肋，鸡肋！"于是，"鸡肋"就成了当晚的口令。

杨修听到这个口令后，发挥自己的聪明才智，解读曹操的意思，说："鸡肋，食之无味，弃之可惜。丞相要退兵了，赶紧收拾东西吧！"结果，军心大乱，士兵们都准备撤离。曹操知道后，以"乱我军心"为由，处死了杨修。

杨修的确有才，之前也对曹操的心思进行说文解字，自以为聪明，实则已经惹怒了曹操，遭到了他的忌恨。这样不分场合、不分对象地说文解字，是很容易得罪人的。所以，要运用"说文解字"，得拿捏好分寸，有的放矢，否则就会招惹麻烦。

## 套套逻辑 | 同一个主张，换汤不换药

多年前，有一部军旅题材的电视剧《士兵突击》，想必不少朋友还有印象。剧中的主人公许三多，想法简单，做事认真，他经常把一句话挂在嘴边："有意义就是好好活，好好活就是做意义的事。"

听起来似乎有那么点道理，但细琢磨的话，又觉得有不小的问题。

到底什么是"有意义"？许三多说："有意义就是好好活"。到底怎样才算是"好好活"呢？许三多又说："好好活就是做有意义的事。"

这就如同，我们询问一个胖子："你为什么这么胖？"他回答说："因为我吃得多。"你再问他："你为什么吃那么多？"他又回答说："因为我长得胖。"

说来说去，就是同一主张换汤不换药的重复，压根就没有给出任何解释。类似这样的回答，就属于套套逻辑。

> **划重点**
>
> 套套逻辑，也称循环论证，是指用来证明论题的论据本身的真实性要依靠论题来证明的逻辑错误。简单来说，两个命题都需要证明，却把彼此互相作为证明的基础。

18世纪的苏格兰有一位知名的哲学家大卫·休谟，他在《神迹论》中用来推翻神迹的论点，经常被逻辑学家们当成循环论证的典型。

"我们可能会总结认为，基督教不仅在最初时是随着神迹而出现的，就算到了现代，任何讲理的人都不会在没有神迹之下相信基督教。只依靠理性支撑是无法说服我们相信其真实性的，而任何基于信念而接受基督教的人，必然是出于他脑海中那持续不断的神迹印象，得以抵挡他所有的认知原则，并让他相信一个跟传统和经验完全相反的结论。"

在论证的过程中，休谟提出了几个论据，且每一个论据都为"神迹只不过是一种对于自然法则的违逆，就算是神迹也不能给予宗教多少理论根据"这一论点服务。基于这样的认识，在《人类理解论》中，他对神迹做了定义：神迹是对于基本自然法则的违逆，而这种违逆通常有着极小的发生概率。由此不难看出，在检验神迹论点之前，休谟就已经假设了神迹的特点以及自然法则，并以此为基础，开始了一段微妙的循环论证。

## 套套逻辑

| | |
|---|---|
| 内容 | 循环论证，在任何情况下都不可能是错的言论。 |
| 例子 | 有意义就是好好活，好好活就是做有意义的事。 |
| 错误点 | 两个命题都需要证明，却把彼此互相作为证明的基础。 |
| 错误本质 | 思维缺乏论证性。 |
| 错误形式 | 用自身证明自身。 |

对方就是在利用循环论证将你逼入一个无法辩驳的怪圈。

套套逻辑是一个带有欺骗性的思维陷阱，因为它的论点在逻辑上是说得通的。但是这一套听起来无法辩驳的逻辑并不能够证明什么，它只是用来回避问题的一个手段，我们要学会辨别，避免被它蒙蔽。

## 不当周延 | 白天鹅不能代表所有天鹅

——所有的白天鹅都是天鹅。

——所有的白天鹅都有白色的羽毛。

——所以，所有的天鹅都有白色的羽毛。

咦，有没有发现，前面两句话读起来都没什么问题，但这个结论却很荒谬？谁都知道，世界上不是只有白天鹅存在，黑天鹅也是天鹅家族的成员，而它们的羽毛是黑色的。为什么会出现这样的谬误呢？

> **划重点**
>
> 如果在结论之中，有一个用语提到整个类别，那指向结论的证据必然会清楚地告诉我们这整个类别。如果一个论证破坏这个规则，那它就犯了不当周延的谬误。

以上述的例子来说，尽管前提只提到了整个类别中的某一部分（所有的白天鹅，是天鹅类别的一部分），但结论却涵盖了该类剩下的部分（所有的天鹅，既包括白天鹅，也包括黑天鹅），这就导致了论证产生谬误。

再看下面这个论证，也是生活中经常会听到的说法：

——所有骑自行车的人都是节俭的人。

——没有企业老板是骑自行车的。

——所以，没有企业老板是节俭的。

这是一个明显的谬误，从内容上可以看出，企业老板是否骑自行车，跟他是否节俭，没有直接关系。从逻辑学上分析，这个论证在前提中告诉我们，骑自行车的人是懂得节俭的类别中的一部分，但结论却告诉我们，整个懂得节俭的类别里没有企业老板，显然这是不成立的。

在现实生活中，有些人会巧妙地利用不当周延来忽悠人，导致听者很难发现论证的不合理，甚至觉得还挺有道理。日后的生活中，我们要注意这种语言圈套。

## 隐含命题　话里有话，弦外有音

人们在生活中经常会说："听话听声，锣鼓听音。"意思就是，听人说话的时候，为了准确把握对方的思想，听明白对方真正想表达的东西，不能只听话语表面的意思。有些时候，别人说的一句话中，实则隐含着另一句话；别人说的一个命题中，实则暗藏着另一个命题。类似这样的情形，我们就将其称为"隐含命题"。

## PART 3
辨识圈套 | 扰乱视听的语言迷雾

> **划重点**
>
> 隐含命题，是指表达或者陈述观点时不用显而易见的方式，而是暗中包含某种隐藏含义，即一个命题中包含着另一个命题。

隐含命题在生活中非常实用，把它用好了，既可以委婉地表达出自己的意见，又不至于因直言叙述而得罪人。在很多交际场合，它可谓是一种高明而幽默的表达方式。

某喜剧演员在一次活动中，讽刺他住的一家旅馆太过低矮，老鼠成群。他说："我住的旅馆，房间又小又矮，连老鼠都是驼背的。"旅馆老板听后，特别生气，说要上书控告这位演员诋毁旅馆的声誉。

这位演员担心事情闹大了不好收场，就连忙表示愿意道歉并更正自己的话。他说："刚刚我说，我住的旅馆房间里的老鼠都是驼背的，这句话说错了。我想说的是，那里的老鼠没有一只是驼背的。"

很巧妙的更正，对吗？他说"那里的老鼠没有一只是驼背的"，这一命题其实隐含了另一个命题："我住的旅馆里有很多老鼠"。表面看起来，他是在道歉更正，但其实他还是坚持了自己前面所说的观点，再一次讽刺了旅馆的条件差。

无独有偶，不同人的经历，虽不完全重叠，却总少不了相同的韵脚。

著名作家狄克,曾到乡下体验生活,搜集写作素材。抵达某个地方后,天色已晚,他决定住宿。这里的条件不好,且只有一家旅馆。朋友提醒过他,这种小旅馆条件差,闷热潮湿,且蚊子特别厉害,晚上无法睡觉。

狄克没有把这困难当回事。他到服务台登记的时候,刚好有一只蚊子在眼前飞舞。他微笑着对前台的服务人员说:"早听说你们这里的蚊子很聪明,今日一见,果然名不虚传。它们居然懂得提前来查看我的房间号码,以便晚上光临,好好地享受一顿美餐。"

听了狄克这番幽默的言辞,服务人员不禁被逗笑了。结果,那一天晚上狄克睡得特别好,房间里一只蚊子也没有,因为服务人员提前把它们"请"出了房间。

狄克没有直截了当地指出旅馆蚊子太多,而是采用了隐含命题的方式,说蚊子提前来查看房间号码,以幽默的方式引起服务人员的注意,间接提醒了对方,蚊子可能会影响客人的休息,同时又强调了一下自己的房间号码,让服务人员主动地为其做好了灭蚊工作。如此沟通,既没有吵得面红耳赤,又在风趣中达成了自己的目的。

巧妙运用隐含命题,有助于我们平顺地解决问题,减少不必要的争执。善于发现和分析隐含命题,也有助于我们探究出事情的真相。

火车站中,一位旅客忽然发现自己的手提包不见了,他看见前面有一个穿黑色大衣的人正拎着他的手提包往前走,就赶紧跑过去责问:"你为什么拿我的手提包?"那人一愣,而后说了一句:"不好意思,拿错了。"然后,他赶紧把手提包还给那位旅客,并向车站大门走去。

这一幕被民警看在了眼里。他紧随那个穿黑色大衣的人出了车站,走上前去问他:"你自己的手提包呢?"那人猝不及防,顿时慌了神色,说不出话来。把他带到车站派出所后,经查问,原来那个人是一个惯偷。

民警为什么会对这个穿黑色大衣的人产生怀疑呢?原因就是,他说了一句"拿错了"。"错"是相对"对"而言的,"拿错了手提包"这一命题中,隐含着另一个命题:"存在着一个他应该拿对的手提包"。民警凭借丰富的经验,听出了这个隐含命题,同时他也看到,穿黑色大衣的人把旅客的手提包归还之后,没有去找自己的手提包,而是急匆匆地走出车站。民警在这个地方看出了破绽,故而产生了怀疑。

上述的这些案例都在提醒我们,在人际交往和生活、工作中,善于发现、分析、运用隐含命题,不仅有助于建立融洽的人际关系,也能在一些别有用心之人的话语中,找出漏洞和破绽,发现事实和真相。

# PART 4

## 拆穿诡辩

### 蛮不讲理的强盗逻辑

## 诉诸个体 | 把个人的经历当成论据

生活中，你一定碰到过这样的对话——

当你提到，长期吃高热量、低营养的油炸食品，容易引发肥胖、"三高"等健康问题时，他会告诉你："我早饭经常吃油条、馄饨，身体不也好好的嘛！"

当你提到，吸烟有害健康的科学结论时，他又反驳说："我爷爷吸了一辈子的烟，可他很长寿，活到了89岁。"

当你提到，青少年躺着看书会影响视力时，他又不同意："我小时候一直躺着看书，可也没有变成近视眼啊！"

这种人就像是网络上常说的"杠精"，你指出一条科学结论，他总会找一些事例去反驳你。实际上，这是诉诸个体的谬误。

> **划重点**
>
> 诉诸个体，是指在论证的过程中仅仅根据个案得出结论，或者以个人经验、个人观察、单个事件为依据来进行论证，忽略了前提与结论之间不存在必然的联系。

个人经验是有局限性的，单个事例也可能存在特殊因素，不能将其作为普遍性的材料用于论证。下一次，如果还有人这样说，不妨直接告诉他：你这是诉诸个体的谬误！

## 诉诸经验 | 用经验去评判是非对错

我们经常会听到这样的论调："经验是前人从无数经历中总结出来的，依靠经验可以少走许多弯路。"不得不说，在某些事情上，经验的确可以帮我们绕过一些弯路。问题是，经验这个东西是放之四海而皆准的吗？

心理学家曾经做过一个实验：把5只猴子关在一个笼子里，笼子上挂着一串香蕉。实验人员安装了自动装置，一旦猴子碰到了香蕉，就会有水喷洒下来。5只猴子看到香蕉，纷纷跑过去拿，结果每只猴子都被浇了冷水。猴子们意识到，这个香蕉是不能碰的。

接下来，实验人员又把一只新猴子放进笼子。新猴子看到香蕉后，本能地想要去拿，结果遭到了另外5只猴子的痛打。因为先前的经验告诉它们：香蕉不能碰，如果新猴子碰了香蕉，它们都要被浇冷水。所以，它们强烈阻止新猴子去碰香蕉。新猴子遭到了痛打，自然也就不敢再去碰香蕉了。

后来，实验人员把喷水的自动装置卸掉了，碰香蕉不会再被泼冷水。可是，猴子们由于之前经验的误导，还是认为香蕉不能碰，哪怕被饿得很难受，也不敢去碰香蕉。虽然，此时的香蕉已经是"安全"的了。

这个实验说明，经验不一定都是可靠的，盲目地信从经验，可能会故步自封。

> **划重点**
>
> 把经验作为论据，作为解释事物的出发点或是分析事物的基础，就犯了诉诸经验的逻辑谬误。

当儿女的观念与父母产生冲突时，父母经常会说："我走过的桥，比你走过的路还多。"言外之意，就是"我有经验，我有体会，你听我的不会错。"

实际上，这是典型的诉诸经验。年龄并不是判断是非对错的标准，一个人的观点是否正确与其年龄大小、经历多少没有关系，而是要看他的论据、论证是否符合逻辑。

对待经验，我们要一分为二来看，既要吸收其合理的部分，也要辨别其不合理的部分。在处理问题时，要具体问题具体分析，不能在经验上画地为牢。

## 诉诸无知 | 未被证明是真，就断言是假

编撰于19世纪的一部百科全书里，曾经有这样的一段

描述：

"太阳系一定在少于100万年前形成，因为就算太阳只是由煤和氧组成，以太阳释放能量的速度，在这段时间内燃料必然会耗尽。"

百科全书得出这一结论，是基于当时没有发现比煤更有效率的燃料。现在看来，这一结论明显是错误的。

在20世纪发现了辐射与核聚变反应后，太阳的年龄被估算为数十亿年。19世纪的那部百科全书，之所以会得出那个错误结论，就在于它犯了诉诸无知的逻辑谬误。

> **划重点**
>
> 诉诸无知，是指断定一件事情是正确的，只因为它未被证明是错误的；断定一件事情是错误的，只是因为它未被证明是正确的。

放眼望去，这样的逻辑谬误，充斥在生活的各个角落：

- 你不能证明你的观点是对的，所以别跟我争辩。
- 没有人能证明外星人存在，所以外星人一定不存在。
- 你拿不出证据证明1+1＝2，就说明1+1＝2是错的。

只是没有强有力的证据去证明或证伪，就认定某一观点是对的或错的，这是诉诸无知的诡辩，也是很多阴谋论者的逻辑。这里的问题就在于，利用无知来支持某个主张，即使自身的知识程度根本无法证明这个主张的虚实。

我们都知道，人类的认识是有限的，要证明一个事物的存在是非常困难的，更别说去证明那些我们根本没有听过、见过的事物。退一步说，就算是亲眼见过，也需要提供丰富的记录和证据才可以证明。

面对诉诸无知的诡辩，可以采用"以其人之道，还治其人之身"的方式来回应。

当对方强调"你无法证明你是对的，所以不要跟我争辩"时，你可以反问："照你这么说，我无法证明你没有偷窃，就表明你偷窃了呗？"

你用同样的逻辑谬误去反驳，对方也就无法再狡辩了。因为，诉诸无知从一开始就是错的，从一个错误的观点出发，根本无法推出一个正确的观点。

## 诉诸大众 | 利用群体压力来迷惑人

英国哲学家贝克莱说过一句话："多数人承认的就是真实的，多数人不承认的就是错觉。"尽管这位哲学家曾经名噪一时，但他说的这句话，明显犯了"诉诸大众"的逻辑谬误。

诉诸大众最典型的表现形式就是：因为多数人认为它是对的，所以它是对的。严格来说，这根本不是逻辑推理，而是利用了人们的不自信、盲从等弱点，从而对人的心理起到操控和迷惑作用。这种操控发挥作用的心理支撑，就是从众心理。

> **划重点**
>
> 诉诸大众，就是在论证一个观点时，不是阐述支持论点的论据以及论据与论点之间的因果关系，而是以该论点得到了多数人的赞同为理由。

1951年，美国心理学家阿希设计了一个实验：他把参与实验的大学生进行分组，每组7人，在同一个房间依次回答一个简单的问题。实际上，每组的前6个人都是实验人员，真正的被试只有第7个人。实验在多组人中进行，前面回答的6个人，故意选择同一个错误答案，以此来测试第7个被试的反应。

结果发现，在这些真正的被试中，至少有75%的人，有一次错误的从众选择；有5%的人，从头至尾都选择了错误的答案；只有25%的人，一直坚持自己的选择。

实验的测试题是非常简单的，且被试都是大学生，但测试的结果却令人瞠目。倘若题目的难度再大一些，被试是素质参差不齐的群体，情况又会如何呢？

人们总是倾向于自己的观点得到多数人的认同。反之，多数人认同的观点，也会对个体的判断产生压力。但上述的实验告诉我们，在从众心理驱使下的多数人的意见，无法作为是非判断的标准，也无法作为论证某个论点的论据。

一个观点是否正确，与多少人赞同它、多少人反对它，没有必然的因果关系。正因如此，我们在生活中才要避免轻信谣传、以讹传讹，要找到论据和论点之间的因果联系，再去下结论。毕竟，真理的标准是实践，而不是信奉者人数的多少。

## 诉诸反诘 | 把伦理道德与逻辑混为一谈

类似这样的话，你在生活中肯定经常听到，甚至自己也经常这样说：

"你说刷手机对眼睛不好，你不是也老刷吗？"

"你说喝酒对身体不好，你不是也喝酒吗？"

"这件事要发生在你身上，你还会这么说吗？"

显然，说这些话的目的，是批驳对方的观点。然而，这里采用的批驳方式，并不是通过摆事实、讲道理去论证论题，而是典型的诉诸反诘。

关于"刷手机对眼睛有害""喝酒对身体不好"这两个观点，需要从两种行为是否对人的身体健康造成危害来进行分析和论证。如：手机屏幕发出的蓝光，对视力有什么影响？酒精有哪些成分，对人的神经中枢系统有哪些影响？这才是有理有据的论证。

我们不能因为有人喝酒，就否定酒精对身体的危害性。同时，我们也不能因为对方有喝酒的行为，就否定"喝酒对身体不好"的观点。对方喝不喝酒，与喝酒对身体好不好之间，没有必然的逻辑关系。

> **划重点**
>
> 诉诸反诘，是指通过向对方提出反诘，用对方的行为去批驳对方的观点；或是通过向对方提出反诘，把对方推向一个具体的境地，逼人设身处地地站在道德、情感等方面来考虑问题。总之，就是用攻击提问者的行为来合理化或非合理化一件事。

言行不一，是伦理方面的问题，与逻辑无关。一个人的行为与观点相矛盾，不能证明他的观点一定是错的。我们可以批评某人言行不一，但不能以此质疑他的逻辑。同时，当有人用诉诸反诘的谬误来批驳我们的观点时，我们也要意识到，这是一种逻辑谬误。

## 诉诸沉默 | 把不说话当成是默认

这里有三组情境对话，看看是否有似曾相识之感？

情境1

A："咱家的电视机怎么不出图像了？"

B："……"

A："不说话，肯定就是你弄坏的！"

情境2

A："你懂西班牙语吗？"

B："学过几年。"

A："你能不能帮我翻译两页东西？"

B："不好意思，我手里有工作，你问问别人吧！"

A："看，心虚了吧。"

情境3

A："你打错的字，是你潜意识里想表达的东西。"

B："不一定吧，有时候一句话里有错别字，这句话是解释不通的。就算是相同的按键顺序，用不同的输入法，打错的字也不一样。所以，打错的字，未必就是潜意识里的想法。"

A："如果不是潜意识想表达的，为什么会打错？"

B："那我就不知道了。"

A："所以，打错字，就是潜意识想表达的东西。"

看完上述的三组对话，不少朋友可能会感慨，遇到像A这样的人，真的是"气死人不偿命"。他们总是秉持这样的姿态——你不说话，就是默认了！

> **划重点**
>
> 诉诸沉默，属于一种实质谬误，即由于论点的主张者没有论证该论点，从而推论该论点是假的。实际上，论点的主张者没有论证其论点，可能有多方面的原因；论点的主张者没有论证其论点的这个行为，并不能成为该论点为假的理由。

举个最简单的例子：警察审讯嫌疑犯的时候，嫌疑犯没有说话，但警察不能就此认为，嫌疑人是有罪的。因为沉默不代表有罪，嫌疑人有权保持沉默。

当诡辩者诉诸沉默时，愿我们都能够戳破对方的这一逻辑谬误。

## 动机论 | 妄自断言别人动机不纯

上海市有3名学生曾捐赠出自己攒了十几年的压岁钱，共计50多万元，设立了"青春之光爱心专项基金"。捐赠的3名学生，年龄最大的也不过14岁，他捐的数额是25万，并成为上海年龄最小的慈善专项基金主任；他的弟弟捐赠了20万元，剩余的5万元是他的同学所捐。

做慈善事业，原本是一件好事，这种事情不分对象、形式与捐赠数额大小。可就是这样一件好事，到了有些人嘴里，却变成了"另有所图"。

有人说，这两个孩子家境殷实，这么做就是在为将来出国留学、申请世界名校做铺垫，设立基金也不过是为了给自己"贴金"，显得人格高尚。

还有人说，对于有钱的家庭来说，捐赠这点钱也不算什么，但能给孩子换一个好的前途，这就是一项值得的投资。等孩子达到了出国的目的，这个慈善事业也就终结了，所谓的专项基金更是不复存在。

更有甚者，认为孩子的父母一定是赚了昧良心的钱，心里不踏实，才以孩子的名义来做慈善，为的就是找回内心的平衡，换一种方式来救赎自我，以图心安。

有句话说："以小心之心，度君子之腹"，把这句话放在上面的处境中，真是再合适不过了。他们的这种怀疑主义，是一种典型的动机论，属于逻辑谬误。

我们提倡要独立思考，避免人云亦云，但怀疑主义与科学精神中强调的质疑精神，存在本质的区别。科学里的质疑是有前提条件的，它们有充足的理由，建立在实证和理性的基础上。反观上述的这些猜测，没有任何的实证和理性，只是主观地、盲目地猜想他人的意图，甚至有无中生有、指鹿为马、肆意诋毁之嫌。

科学的怀疑，是以客观事实为基础，以实验和检测为手段的，合理的、有根据的怀疑。我们在生活中也要避免动机论，凡事都要讲究事实，提出的猜测和质疑也要有依据、有线索、有佐证，不能全凭主观臆断妄加揣测，这样才能作出更贴近事实的判断。

> **划重点**
>
> 生活中有一些怀疑主义者，他们以不信任的态度面对生活中的一切，别人做任何事情，他们都会怀疑对方动机不纯、另有所图。

## 动机论

动机论是极端而缺乏理性的臆测。对于别人的行为举动，警惕被表象所迷惑是无可厚非的，但过多的猜忌和怀疑则显得太过蛮不讲理。

## 强制推理 | 伪冒理论依据来歪曲事实

走在路上，看到一个年轻女孩开着一辆豪车，身边总会有这样的声音冒出来："开这么好的车，父母肯定是经商的""她这么有钱，肯定很霸道"……说这些话的人，对自己的观点深信不疑，但从逻辑学上来讲，根本就是强制推理。

**强制推理**

把不同事物错误地勉强联系在一起。

以上面的例子来说，"开这么好的车，父母肯定是经商的"，这两点之间，完全没有任何的必然联系，却被说话者强行拉到一起。试问：开好车的人，父母一定都是商人吗？不一定。好车是关乎车辆品牌、价格的问题，父母做什么工作是关乎职业的问题，两者之间没有联系，是强行拼凑在一起的，得出的结论自然也是谬论。

> **划重点**
>
> 强制推理，就是把不同的事物错误地勉强联系在一起，从而得出结论。看似是结论，但其实没有任何意义，完全是伪冒理论依据，歪曲事实，也就是谬误。

我们在生活中要避免用强制推理的思维看待问题，比如：看到身边比自己优秀的人，就认为人家有优越的家庭背景；总觉得孩子考上了好大学，将来就一定前程似锦；等等。这些推理都是建立在不合逻辑的连接关系上的，得出的结论不一定是准确的。

## 诉诸出身 | 把品行和能力归结为出身

俗话说："龙生龙，凤生凤，老鼠的儿子会打洞。"我们在生活中确实看到过，有些子女与父母在某种能力或性格上存在一定的相似性，但这是否意味着"有其父必有其子""上梁不正下梁歪"呢？

我们可以通过两个真实故事，详细了解一下诉诸出身的问题。

### 故事1

赵奢是赵国的名将，英勇善战，曾经为赵国立下了汗马功劳，深得赵王的器重。赵奢有一个儿子叫赵括，在秦国攻打赵国时，赵王就犯了一个诉诸出身的逻辑错误。他认为：虎父无犬子，有赵奢这样的父亲，赵括应该是青出于蓝而胜于蓝。

于是，赵王就下令，让赵括取代廉颇与秦军作战。赵括取代廉颇后，把廉颇的所有作战方针都作了调整。他求胜心切，立刻派兵出击，秦军佯装败走，赵军火速追赶。结果，赵军掉进了秦国将军白起设置的包围圈。这就是历史上的"长平之战"。

其实，就在赵王准备起用赵括的时候，赵母就提出过劝谏，希望赵王不要用她的儿子。然而，赵王一再坚持自己的看法。没想到，结果真的被赵母言中，赵括兵败了。

很明显，赵王是以赵奢的才能来推断其子赵括的军事才能，但这两者并不存在必然的关系。赵奢有作战才能，不能推出赵括也有相同的才干。想要知道赵括的能力，赵王应当从他的日常行为、带兵情况，以及对兵法的掌握等方面去考量，而不能以其出身作为论证的依据。

### 故事2

新东方创始人俞敏洪是农民的孩子，从小就生活在农村。他高考连续考了三年，总算圆了自己的大学梦。但在北大上学期间，他却觉得自己不会有什么出息，因为父母都是农民，他长得也不好看，内心很自卑。

那段时间，他特别郁闷，做什么都没有兴致。可后来，他换了一种方式去思考：既然我可以从一个农民的儿子奋斗成北大的学生，那我能不能从北大奋斗到更高的台阶呢？想到这里时，他又找回了一些自信。

后来的故事，我们都知道了。在回首往事时，俞敏洪这样说："每个人都有对未来的期待，对未来的事业、成就和幸福的追求，在期待美好未来的同时，每个人都要避免看轻自己。看轻自己是个错误，这样的错误是不能犯的，因为人生的起点由不得你选择，你出生在什么家庭由不得你选择。"

> **划重点**
>
> 把出身作为推断一个人道德、品行、能力、成就的依据，犯了诉诸出身的逻辑谬误。个体从出生开始，会受到家庭、社会、他人等各方面的影响，但这些都不是决定性因素，因为人还有主观能动性。

如果有人总是用"出身"来解释问题和现象，不妨把这两个故事摆出来，顺便戳破他的逻辑谬误。出身不能代表一个人的品行和能力，也无法决定一个人的命运和前途。我们在筛选人才、评价他人和自我时，也不要犯诉诸出身的谬误。

## 诉诸人身 | 故意攻击提出观点的人

德国哲学家黑格尔,曾经讲过这样一个故事:

在农贸市场上,有一个女商贩正在卖鸡蛋。一位女顾客挑选鸡蛋后,觉得鸡蛋不太好,就抱怨了一句:"你这个鸡蛋怎么是臭的呀?"说完,她准备离开,再去别家看看。

没想到,这句话惹怒了女商贩,她大声斥责:"什么?我的鸡蛋是臭的?你才是臭的呢!不只你臭,你爸爸吃了虱子,你妈妈跟法国人相好……你的帽子和漂亮的大衣,大概也是用床单做的吧?除了军官们的情人,谁会穿成你这样来出风头……"

> **划重点**
>
> 如果一个人在驳斥他人的观点和结论时,忽略论证本身,而故意去攻击提出该观点的人或其代表的团体,就犯了诉诸人身的谬误。

想想看,我们的身边是不是也发生过类似的情形?顾客挑选一样东西,对其品质和价格提出异议,如指出"料子有点太薄""价格有点贵"时,卖货的商贩立刻拉长了脸,反驳道:"一看你就不经常买东西""你可以去买便宜的"……这种带刺的话，让人听了特别难受，商贩的这种诡辩根本不合逻辑，完全是人身攻击。

诉诸人身的使用门槛很低，可以说是生活中最为常见的逻辑谬误。其形式主要有两种：

### 直接性诉诸人身

这种谬误是说，某人身上存在某种积极或消极的特质，所以某人的想法就是正确的或错误的。比如："张某孝顺父母，热衷慈善事业，所以他说的话肯定是对的。""这个人以前犯过偷窃罪，他说的话怎么能是真的呢！"

通常，一个命题或主张之所以正确，是因为它符合事实。我们是否相信某人的说法，并不能够证明某人的说法是正确或错误的。

### 处境性诉诸人身

这种谬误是说，某人处在某一团体中，这个团体可能有盘根错节的利益关系，因而某人的想法就是不客观、不理性、不中立的。比如："你是企业家，你说给企业家减税是因为牵涉到你自身的利益""你买了甲公司的股票，当然会说甲公司的股票会涨"……

诚然，当我们考虑某人提出的主张或命题是否正确时，可以去考虑某人是否与那个主张或命题存在某种利益关系，但对方所处的处境，以及对方与某个团体的利益关系，并不能够说明，某人提出的主张或命题就是错的。

在拉丁语中，人身攻击的本义是"向着人"，即反驳的观点不是针对论敌的论点，而是针对论敌本人，贬低、诽谤对方的思想主张、人格道德，甚至直接给对方贴标签，恶意谩骂。了解了这一逻辑谬误后，我们就要提醒自己：辩论某一观点时，要对事不对人；如果他人对我们进行人身攻击，不必与其争论，对这种无理的行为，拂袖而去即可。

### 诉诸人身

指通过拒绝一个人来拒绝他所持有的立场（想法、提议、主张和论据等）。因此诉诸人身包含着直接人身攻击和处境人身攻击。

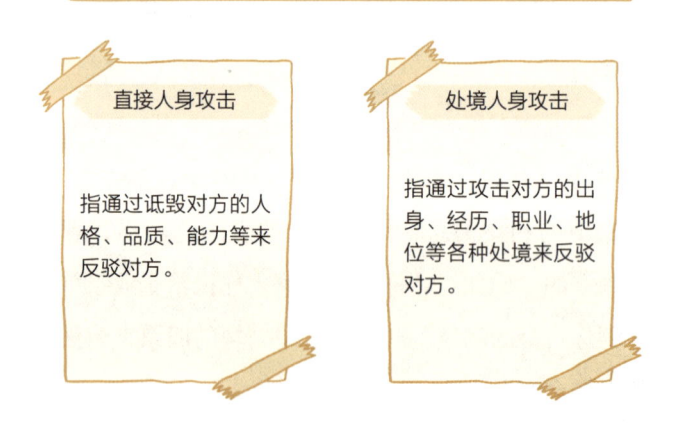

**直接人身攻击**

指通过诋毁对方的人格、品质、能力等来反驳对方。

**处境人身攻击**

指通过攻击对方的出身、经历、职业、地位等各种处境来反驳对方。

## 二难诡辩 | 把论敌推向进退两难之境

古希腊哲学家普罗泰戈拉,依靠收徒讲学、传授论辩技巧、教人打官司为生。一日,有个名叫欧提勒士的青年找到普罗泰戈拉,想跟他学习论辩术。这原本是好事,令人没想到的是,成了师徒的二人最后竟然闹上了法庭,整出了一场"理不清"的官司。

听闻欧提勒士想要拜自己为师,普罗泰戈拉开出了他的条件:"跟我学习可以,但要收取学费。你的学费可分两期支付,一半学费在入学时支付,另一半学费在你学成之后,即第一次出庭胜诉后再交付,你同意吗?"欧提勒士答应了普罗泰戈拉的要求,两人签订了合同。

按照规定,欧提勒士先支付了一半学费,并很快就学完了全部课程。普罗泰戈拉一直等着欧提勒士交付另一半学费,但欧提勒士似乎并不把合同放在心上,学成后一直不肯出庭替人打官司,当然也就不交另一半学费。普罗泰戈拉忍无可忍,决定向法院起诉,指控欧提勒士拖欠学费。

法庭上,师生双方进行了一场辩论。

普罗泰戈拉:"如果你胜诉,你就应该按照合同规定支付另一半学费,因为这是你第一次出庭,并取得胜诉。如果你败诉,就必须依照法庭的判决,支付我另一半学费。总之,不管你胜诉还是败诉，你都得付我另一半学费。"

欧提勒士："老师，你错了！恰恰相反，如果你跟我打官司，无论我胜诉还是败诉，都用不着付你另一半学费。如果我胜诉了，根据法庭的判决，我当然不用付另一半学费；如果我败诉了，那么我也不用付另一半学费，因为我们的合同规定，第一次出庭胜诉后，才付给你另一半学费。"

在庭审过程中，师生两人互不相让，争论不休，但谁也无法说服对方。负责这个案件的法官和陪审员，当时也被难倒了，迟迟不能作出判决。这就是历史上著名的"半费之讼"。

在这场辩论中，普罗泰戈拉与欧提勒士，都运用了二难诡辩术。

> **划重点**
>
> 二难诡辩术，就是在论辩的过程中，只列出两种可能性，此外别无选择，迫使论敌从中作出选择。无论对方选择哪一种可能性，结果都对他不利。这样就迫使论敌陷入进退两难的境地，从而落入自己的控制之中。

在二难诡辩术中，两种可能性，也就是两个假言前提，全都是虚假的，前后件没有必然的联系。这个假言前提的设置，是诡辩者从自己的利益出发，让论敌陷入进退维谷的境地。就普罗泰戈拉和欧提勒士的辩论而言，他们的立论都是错的，因为违背了逻辑学上的"同一律"规则，概念及判断混乱，是非标准不同，可谓彻头彻尾的诡辩。

在普罗泰戈拉的推理中，第一个假言前提是不真实的，前件与后件不存在必然联系：欧提勒士打赢了这场官司，推不出"按照合同，他应该支付所欠的另一半学费"。合同规定的是，欧提勒士第一次出庭打赢官司，指的是他以律师身份帮人打赢官司，而不是以被告身份打赢官司。

在欧提勒士的推理中，第二个假言前提也是不真实的，推不出结论。这场官司胜诉与败诉的区别就在于给不给付另一半学费，如果欧提勒士输掉了官司，就要支付另一半学费。不然的话，败诉的"着力点"在哪儿？没有对象，胜诉、败诉无从谈起。

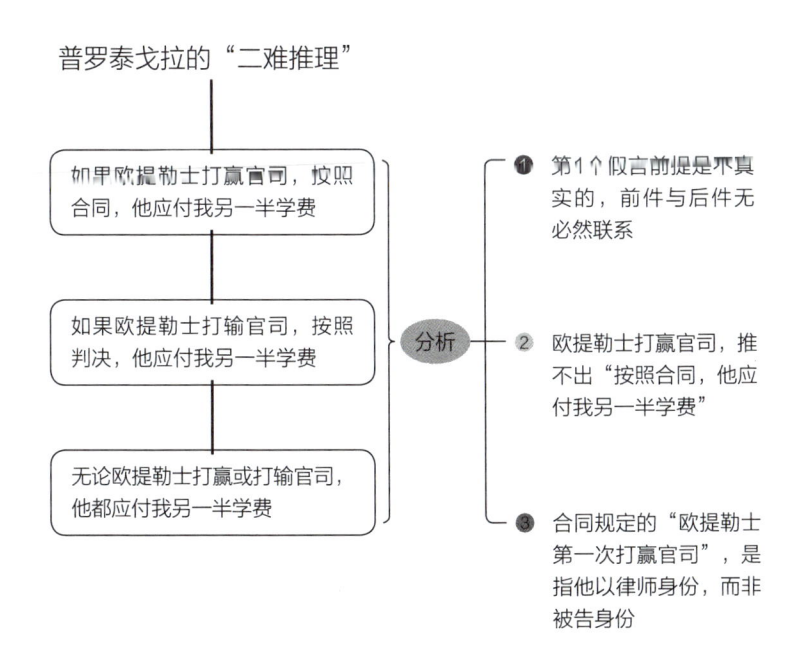

普罗泰戈拉的"二难推理"

- 如果欧提勒士打赢官司，按照合同，他应付我另一半学费
- 如果欧提勒士打输官司，按照判决，他应付我另一半学费
- 无论欧提勒士打赢或打输官司，他都应付我另一半学费

分析

❶ 第1个假言前提是不真实的，前件与后件无必然联系

❷ 欧提勒士打赢官司，推不出"按照合同，他应付我另一半学费"

❸ 合同规定的"欧提勒士第一次打赢官司"，是指他以律师身份，而非被告身份

## 欧提勒士的"二难推理"

- 如果我打赢官司，按照判决，我不应支付另一半学费
- 如果我打输官司，按照合同，我也不应支付另一半学费
- 无论我打赢或打输官司，我都不应支付另一半学费

分析

① 第2个假言前提是不真实的，推不出结论

② 官司胜诉与败诉的区别，就在于给不给付另一半学费

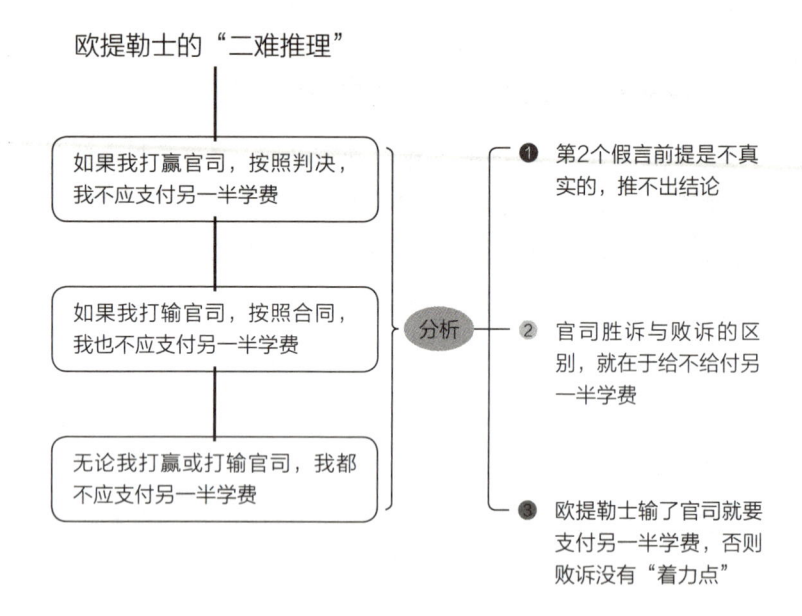

③ 欧提勒士输了官司就要支付另一半学费，否则败诉没有"着力点"

综合来看，师徒二人的二难推理，都采取了不同的标准：一个是法庭判决，另一个是合同约定。两个标准各有利弊，他们都是采用对自己有利的角度为自己诡辩，所以才会得出针锋相对的结论。

如果在现实生活中碰到了二难诡辩术，我们该如何破解呢？

**思路1：指出对方的前提假设是虚拟的，不符合现实**

——"现代社会中，男人和女人谁更累？"

如果坚持"女方更累"的一方提出：大部分家庭中，女人是否在上班之外，还要做家务？后续的二难推理可能是：女人上班比男人更容易累，女人不仅要上班，还要做家务，所以

女人更累。

这个时候，坚持"男方更累"的一方就可以指出：对方辩友错了，现在大部分家庭中，男女都是共同承担家务的，且在上海等城市还是男人承担主要的家务。

### 思路2：不正面回答对方的假设性问题，采用迂回策略

——"我们应不应该停止保护大熊猫？"

如果坚持"不应该保护"的一方提出：我国是否存在比大熊猫更稀有、更需要保护的动物，但是因为资源不够而没有得到良好的保护？后续的二难推理可能是：其他动物比大熊猫更需要资源，大熊猫的数量已经回升，所以应该去保护其他更稀有的动物。

这个时候，坚持"应该保护"的一方就可以采用迂回策略："大熊猫在我国具有政治地位，我们不能让外宾们知道自己收到的礼物并不珍贵，在中国都没有被保护。"

### 思路3：以其人之道，还治其人之身

——老师状告学生不交学费（与"半费之讼"相似）。

学生援引双方约定："如果我胜诉，按照法庭判决我不该付费；如果我败诉，按照约定我不该付费。所以，无论胜败，我都不应该付款。"

老师以相同的逻辑援引约定："如果这次你胜诉，就要按照约定付款；如果你败诉，就要按照法庭的判决付款。无论胜败，你都应该付款。"

听起来有点儿复杂的二难推理，你理解了吗？

## 设定条件 ｜ 将论题限定在某种条件下

"下半年，我想买辆车，到时候你能不能借给我2万元钱？"

"好呀！如果下半年有富余的话，我肯定借给你！"

上述的对话，听起来是不是挺熟悉的？它们经常会在我们的生活中出现，或者是别人对你说的，或者是你对别人说的。总之，这样的回答是滴水不漏的。

"如果下半年有富余的话，我肯定借给你"，这句话是什么意思？就是在有富余钱的条件下，我愿意借给你。但是，这句话本身也涵盖着另一层意思：如果我没有富余的钱，那我就没办法借给你。

> **划重点**
>
> 事物之间总是存在着一定的条件关联，如果离开了一定的条件，失去了一定的环境，客观事物就无法存在和发展。为此，许多人会利用设定某种条件，对他人的提问作出回答，这是一种诡辩技巧。

如果是在不利的处境之下，借助这种方式，也可以帮助自己摆脱困境。

古时候，有一位国王询问身边的大臣："咱们王宫的水池里有多少杯水？"

大臣们一听，开始在底下议论纷纷，每个人说出的杯数都不一样。有些大臣还提出，应该测量一下，看看到底有多少杯水。然而，他们说的这些，都不是国王想要的答案。

于是国王发布御令，让所有子民都可以回答这个问题。后来，有一个小孩表示，他知道国王想要的答案。国王一听，就召见了这个孩子。

小孩说："想知道王宫的水池里有多少杯水，那要看用什么样的杯子来装。如果杯子和水池一样大，那就是一杯水；如果杯子只有水池一半大，那就是两杯水；如果杯子只有水池的三分之一大，那就是三杯水……"

国王听后，点头微笑，对这个答案非常满意。

就国王提出的那个略显荒唐的难题而言，小孩给出的答案，无疑是最圆满、最无懈可击的。这也启发了我们，面对复杂的人际交往，或是狡诈的论敌，设定条件不失为回应对方的最佳策略。

## 推不出来 | 论据与论题没有必然的联系

很多朋友读过鲁迅先生的《阿Q正传》，文中有这样一处情节：

阿Q去调戏静修庵的老尼姑，结果遭到了对方的白眼。然而，阿Q开始为自己辩护，他给出的理由是："和尚动得，为何我动不得？"

我们来看看这个论证——"和尚动得，为何我动不得？"暂且不说和尚是否真的动得或动不得，就算是和尚动得，你也一定动得吗？阿Q给出的论据，根本无法推出该结论，论据和论题之间不存在必然的联系。

> **划重点**
>
> 论证是通过一个或一些论据，来证明一个论点的真实性。如果其论据虚假，论据不充分，或是论证存在不当假设，就犯了"推不出来"的逻辑谬误。

古时候，有个人把孩子扔进河里，别人问他："为什么要把孩子扔进河里？"

他回答说："其父善游。"意思是说，孩子的父亲会游泳，所以孩子也会游泳。

很明显，这也是一个推不出的谬误。就算"其父善游"，也推不出"其子善游"的结论，两者之间缺乏有效的联系。

## 诉诸传统 | 一味地用传统评判是非

有这样一对夫妻：丈夫好吃懒做，工作不努力，赚的钱刚够养活自己；妻子秀外慧中，特别能干，在某公司担任高管，养家还贷全靠她。不过，妻子倒也没嫌弃丈夫，只是提出，让丈夫多分担一些家务，好让自己回到家能多休息一下。

一日，妻子下班后，发现厨房凌乱不堪，碗筷也没有洗，就赶紧叫丈夫过来收拾，打扫干净后顺便做晚饭。丈夫有点儿不乐意，就开始跟妻子论辩。

丈夫："自古以来，家务活都是女人做的，你让我做，这本身就有问题。"

妻子："按照你的逻辑，自古以来，男人都是主外的，那你应该去外面赚钱养家。如果你能赚钱养家还贷，那我很乐意在家扫地、洗碗、做饭。"

丈夫："我怎么没有赚钱养家呀？难道只有你一个人上班？"

妻子："不要打岔，我们在说做家务的问题。你说了，按照传统，女人应该做家务，对不对？如果这样的话，我是不是要辞去工作，在家做全职太太？"

丈夫："没问题啊，只要你愿意。"

妻子："那好，我明天就辞职，刚好我们公司在裁员。

在家坐吃山空。当然，你放心，我会把家里收拾得干干净净，把家务活做得很好。"

丈夫见妻子真生气了，小声说了一句："如果真是那样，日子怎么过啊？"

妻子叹了一口气，说："那不就得了！我在外面努力工作，已经分担了你赚钱养家的负担，你在家里多做点家务，帮我分担一些家务，有什么不行的呢？"

最后，丈夫被说服了，乖乖地去洗碗做饭了。

在夫妻两人的论辩中，丈夫提到了"自古以来，家务活都是女人做的"，毫无疑问是把一些传统习俗拿出来作为论据了。每个国家和民族都有其流传下来的传统，这些传统中有些是优良的，有些是糟粕的，我们应当汲取精华，剔除糟粕。如果一味地以传统为依据，用传统来为自己辩护，就犯了诉诸传统的谬误。

> **划重点**
>
> 诉诸传统，就是把传统视为判断是非的唯一标准，特别是把历史悠久的传统作为判断是非的标准，这是不符合逻辑的。

在上述的案例中，丈夫就犯了诉诸传统的谬误。时代在进步，人的生活方式和思想观念也在进步。过去，女性的社会地位较低，接受文化教育的程度较低，这种客观情况导致了多数女性只能在家里相夫教子。但随着社会的进步，女性也开始接受和男性一样的教育，并像男性一样在社会中工作，具备了独立的经济能力，独立的思想意识，因而再用古代的传统去要求女性，就不合适了。

诉诸传统有两种，一种是我们刚刚说过的，诉诸年代，即过去的一些古老传统；还有一种是诉诸新潮，即主张某想法是新时代的潮流，故而是好的。实际上，这都是走极端，旧时候的传统未必适用于现代，而新潮的也未必就是好的。

对待传统，我们要辩证来看，不能"一刀切"，既不能说传统就是好的，也不能说传统就是不好的，新潮的才是好的。好与不好，要尊重现实，也要具体问题具体分析。

## 无理假设 ｜ 前提没有充分的论据支持

看过《大话西游》的朋友，一定还记得至尊宝那段深情的独白：

"曾经，有一份真挚的爱情摆在我面前，我没有珍惜，等到失去才后悔莫及，人世间最痛苦的事莫过于此。如果上天能够给我一个再来一次的机会，我会对那个女孩子说三个字：我爱你。如果非要给这份爱加上一个期限，我希望是一万年。"

这份告白听起来真挚动人，又带着丝丝的伤感与悔恨，实在令人感动。可是，感动之后呢？还是要面对错过与失去的现实。说到底，这不过是一种美好的假设，现实是无法改变的。退一步说，就算假设成真了，一切都能兑现吗？

> **划重点**
>
> 在逻辑学上，科学的假设是一种方法，可用于各个领域的研究。但如果假设不科学，就像上面的那段告白，完全是用来安慰自己的内心，平缓情绪，表达悔恨……这样的假设就属于谬误，是彻头彻尾的无理假设。

生活中时常会曝光出一些与家庭暴力有关的话题，施暴者在实施暴力行为后，通常都会向受害者表示忏悔，大致的论调就是："我不是故意的，如果再给我一次机会，我一定不再打你，我保证……"言辞之恳切，态度之真诚，往往就让受害者的心软了下来，继而选择相信。

后来的情况如何呢？想必你也猜到了，绝大多数的施暴者在下一次情绪失控时，依然会重复过去的行为，甚至变本加厉地殴打对方。他们当初的承诺，完全是虚无缥缈的，承诺之后，得到原谅之后，一切一如从前。

这也提醒我们，面对一些人悔恨时的承诺，要保持冷静和理智的态度，切不可轻信和心软。要知道，那有可能是一种没有充分论据支持的"空头支票"，今天的你选择了相信，明天的你可能还要继续承受原来的痛苦。

## 稻草人谬误 | 反驳不过，索性歪曲论点

看到这个题目的时候，你心里可能有一个疑问：为什么要叫"稻草人谬误"？

很简单，请你思考一下，稻草人在生活中是做什么用的？通常，它被放在农田或庄稼地里，穿上人类的衣服，远远看去就像一个"真人"。之所以要放置稻草人，是因为人们无法时刻守在庄稼地旁边，只好借助稻草人这个道具，来吓走飞禽走兽。

了解了稻草人的由来与作用，我们再去分析"稻草人谬误"，就容易多了。

> **划重点**
>
> 稻草人谬误，是指在辩论过程中，所攻击的不是对方的本意或真实立场，而是先将对方的观点曲解成一个明显荒谬、比较极端、容易辩驳的观点，再对其进行批判和反驳。

这一过程就好比，乙想要反驳甲，就在甲的旁边故意树立起一个稻草人代表对方，然后以攻击稻草人的办法来冒充对对方的反驳。稻草人谬误，通常并不是无心之过，而是刻意为之。

甲："我并不认为孩子应该往大街上乱跑。"

乙："把小孩关起来，不让他们外出活动，呼吸新鲜空气，那真是太愚蠢了。"

甲的观点是，孩子最好不要往大街上乱跑，但乙在反驳

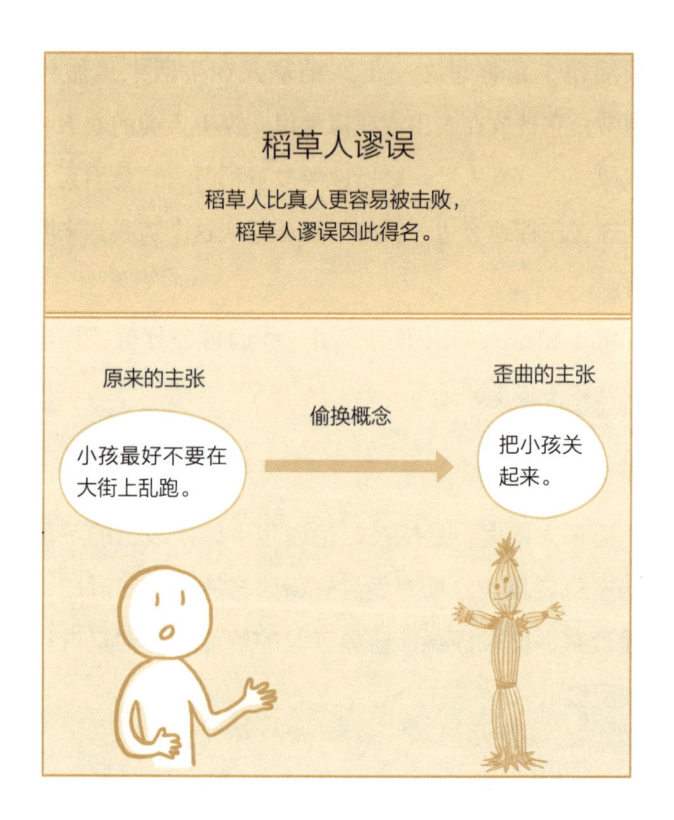

### 稻草人谬误

稻草人比真人更容易被击败，稻草人谬误因此得名。

原来的主张：小孩最好不要在大街上乱跑。

偷换概念 →

歪曲的主张：把小孩关起来。

甲的观点时，却故意曲解，树立了一个稻草人——"把小孩关起来"。要避免孩子在大街上乱跑，有很多方法，甲从未提过"把小孩关起来"，显然这就是乙犯的逻辑谬误。

那么，如何在生活中最大限度地避免稻草人谬误的发生呢？这需要我们站在真实的立场去思考问题，秉持平和的心态，减少使用歪曲、夸大以及其他的曲解方式来攻击他人的立场，用事实和证据说话。

当有人对你声情并茂地讲起某件事或某个人时，不要被那些扭曲的、颠倒是非黑白的语言影响。要知道，吓唬庄稼的那些稻草人，无论看起来多么逼真，也不是真实的人。我们要用正确的、理性的方式，去对待身边所见所闻的人和事。

## 因果倒置 | 把原因和结果相互颠倒

刚从某大型公司面试回来的儿子，对父母说："我留意了一下，那家公司的管理者都开着30万元以上的车，所以想去那里上班的话，还得换一辆好点的车。"

父亲一听就皱起了眉头，说了一句："这是什么逻辑？不着调！"

没错，儿子说的这番话，的确存在逻辑问题，那就是因果倒置。

> **划重点**
>
> 在逻辑学上,事件的原因与结果之间存在正相关的关系。比如:A和B两个事件,存在正相关的关系,但如何判断A和B,谁是因,谁是果呢?如果把关系弄反了,原因与结果相互颠倒,就犯了因果倒置的谬误。

就上述的例子来说,儿子认为拥有一辆好车才有资格成为那家公司的管理者,但真实的因果关系是出任那家公司的管理者能获得丰厚的薪资,使得他们有能力购买好一点的车。这种因果倒置的逻辑,也难怪会让父亲皱眉。

现实生活中,有不少人知道因果倒置是一种逻辑谬误,但他们会故意利用这种方式来诡辩。听者若不加思索的话,很容易被迷惑,并相信他们的诡辩。

19世纪,英国有一位改革家声称,他经过调查研究发现:每个勤劳的农民至少有两头牛,可见有牛的农民都勤奋。据此,他作出判断:如果给那些好吃懒做的农民每个人发两头牛,就能够让他们变得勤奋起来。于是,他提出了一个改革措施:给没有牛的农民发两头牛。

仔细一看,你就会发现,这位改革家犯了因果倒置的错误。原本,农民勤劳是原因,有两头牛是农民勤劳的一种表现形式,也可视为农民勤劳带来的结果。可在改革家看来,有两头牛是原因,农民勤劳是结果。所以,才有了后面那个可笑的改革方案。

很有可能，给懒惰的农民发了两头牛以后，并无法改变他们懒惰的习性。相反，他们还可能把牛卖掉，挥霍掉卖牛的钱，继续懒惰下去。这样的话，国家和政府的补贴就白白被浪费掉了，同时也会打击那些原本勤劳的农民，让他们认为自己受到了不公正的对待。

因果关系是普遍存在的，但这并不意味着，任意的两件事物或两种现象之间都存在因果关系。就算真的存在因果关系，谁是因，谁是果，也需要谨慎判断。

那么，该怎样判断事物的关系呢？

我们需要从因果关系的"共存性"与"先后性"入手。所谓共存性，就是指原因和结果之间存在相互接近性；所谓先后性，是指原因在先，结果在后。是否具备这两种特性，是判断因果关系的重要条件。

需要说明的是，不能因为两种事物之间存在这两种关系，就认为它们之间有因果关系。最典型的例子就是，闪电和打雷，一个在前，一个在后，但我们不能说，因为闪电了，所以打雷。事实上，闪电和打雷的出现有共同的原因，那就是带电云之间相互碰撞。很多时候，因果倒置是我们的思维发生了倒置的想法，那是主观臆想，而非事实。

> 逻辑学入门很简单
> 看得懂的极简逻辑学

# 同构意悖 | 以诡辩者之道进行反击

### 故事1

在一个寒冷的冬日清晨,长工老李披了一件羊皮褂子在院子里扫雪,财主"周扒皮"起床后看见了,就想趁机挖苦老李。他大声说:"嘿,老李,你身上怎么长出了一张兽皮?"老李笑了笑,回答说:"老爷,你身上怎么长出了一张人皮?"片刻后,周扒皮才回过神来,气愤不已,可又只能自认倒霉。

### 故事2

古希腊的雅典有一位聪明机智、能言善辩的演讲家,他四处发表演讲,雄心勃勃地猎取功名利禄。一日,他的父亲对他说:"孩子,你再这样下去,不会有好结果的。说真话吧,富人会怨恨你;说假话吧,穷人又会指责你。可既是演讲,不讲真话就得讲假话,所以,不是遭到富人的仇恨,就是遭到贫民的反对啊!"

演讲家听了父亲的话,笑答:"父亲,我会有好结果的。如果我讲真话,穷人就会拥护我;如果我讲假话,富人就会支持我。既是演讲,不是讲真话就是讲假话,可无论我讲什么话,不是得到穷人的拥护,就是得到富人的支持,我有什么好担心的呢?"

故事讲完了,不知道你有没有看出两则故事的"相同"之处?

无论是长工老李,还是雅典的演讲家,他们在回应问题的时候,都套用了对方的语法结构和语调形式,但表达出了与对方相反的意思,让对方无话可说。

> 划重点
>
> 仿照对方辩词的话语结构,建构一个与对方话语结构相同但语意完全相悖的观点,并以此反制对方的方式,叫作"同构意悖"。由于是按照对方的话语结构和思维逻辑导出的结果,所以面对这样的反制,对方通常无从置辩,只能自食其果。

在委内瑞拉的一个小镇上,某大汉酒后寻衅滋事,被人告上了法庭。他预感到法官要惩罚他,就选择先发制人,说:"我想向法官提几个问题。"

这一请求得到了法官的允许。

——"我如果吃了沙枣,有什么不好吗?"

——"没什么不好。"

——"如果我再喝些水,有罪吗?"

——"无罪。"

——"然后,我躺在地上晒一会儿太阳,算不算犯法?"

——"不算。"

——"那为什么我喝了一点儿用枣加上水酿成的东西，然后在街上晒一会儿太阳，你们就说我有罪呢？"那人最后抛出了这一问题，质问法官。

法官想了想，没有直接回答他的问题，而是来了一番反问。

——"先生，现在我想向你提出几个问题，你能认真回答吗？"

——"你随便问。"

——"如果我向你泼一点儿水，会导致你受伤吗？"

——"不会。"

——"如果我往你头上倒一些黏土，你会受伤吗？"

——"当然不会。"

——"那么我把这些黏土和水掺在一起做成砖头，再放在太阳底下晒一晒，然后用它打击你的头，会有什么样的后果呢？"

——"这肯定会打破我的头啊，还用问吗？"

——"虽然水和黏土都不会伤到你，但用水和黏土做成的砖头却会砸坏你的头；同样，喝点儿水、吃点儿沙枣不违法，但用这种枣和水酿成的酒，却会让你丧失理智，寻衅闹事，触犯法律。"

此时，大汉一句话也说不出来了，只好乖乖地听候法官发落。

法官很清楚，对一个蓄意胡搅蛮缠的酒鬼讲法律，没什么效用。于是，他巧妙地运用了"同构意悖"的方式，仿照对方提问的话语结构和思维逻辑，向对方进行反制，推导出对方强词夺理，而酒后寻衅滋事的罪名成立的事实。

在运用同构意悖术的时候，我们不必考虑所使用的话语结构是否正确，是有效还是无效，只要跟对方的话语结构相同，就能达到反击的效果。因为使用这一诡辩的目的，不在于重新"立"一个论点，而是要"破"掉对方的诡辩。如此，就可以达到"以子之矛攻子之盾"的效果，让对方哑口无言。

## 不当类比 | 既是类比，必有不同

类比是一种很有力的论证方法，它是基于两个或两种事物某些属性上的相同或相似之处，推出其他属性上也有相同或相似之处。用得好了，自然能让听者心服口服。但因为打比方、类比具有从个别到个别、从类到类的特点，它的结论范围超出了前提所断定的范围，因此其结论性质通常也不具有必然性，稍不注意，就可能出现逻辑谬误。

社交媒体上流传着一句话："人的眼睛有5.76亿像素，却终究看不懂人心。"此话道出了不少人的心声和感触，但从逻辑上讲，这句话犯了不当类比的谬误。

> **划重点**
>
> 不当类比，是指把两种或多种看似属性相同，但实际上有本质差别的事物，放在一起作对比，这就造成了类比失当。

我们来分析一下这句话："人的眼睛有5.76亿像素，却终究看不懂人心。"

这句话的核心在于"看"，即说话者认为，看东西的看，与看懂人心的看，属性是一样的。实际上，两者是截然不同的。眼睛看东西，是一种图像处理；看懂人心的看，却是一种心理认知活动。图像处理与心理认知活动，是具有本质区别的，是没有可比性的，不能进行类比推理。

有些人习惯胡搅蛮缠，硬把没有联系、不具可比性的事物生拉硬扯地放在一起，试图用诡辩的方式达成目的。那么，面对不当类比的诡辩，我们该如何反驳呢？

**反驳方法1：找出另一种类比，反驳对方的观点**

神学家威廉·巴莱为了证明上帝存在，运用了一个强大的类比论证。

巴莱把我们的世界比作一个精密的机械钟表：如果我们在一个荒岛上发现了一个运行精确的钟表，我们只能假定有一个制表人制作了它，并将它留在岛上。如果你认为钟表的各部分只是基于巧合或概率，组装在一起成为这个精密的钟表，那显然是远离事实与可能性的。

同理，我们所处的世界，以如此复杂、神奇、有序的方式运行，我们不能假定这是意外或随机形成的，我们必须承认，有一位造物主设计创造了这个复杂精巧有序的世界。

对于这样的观点，我们可以找出另一种类比：把世界比作一种生物组织，而不是机械钟表。这个生物组织会生长，其系统、器官、肢体会发展，也会退化，其核心是能量与物质，而不是思想与精神。我们可以宣称，这个世界按照自然选择，而非提前计划的目的运行。在这个世界上，当生物不再有活力时，它就会死亡；当太阳的热量耗尽，地球也将不复存在。

### 反驳方法2：按照对方的类比推理下去，得出荒谬的结论

有人说，乌龟只有把头伸出壳外，才能向前进；公司只有愿意冒险，才能有发展。如果我们不认同这种观点的话，那就可以反问对方：按照这样的类比，那是不是公司也应当像乌龟一样，行动时要缓慢，遇到危险就要把头缩进壳里呢？

辩论界常说："一切的类比都是不当类比。"

确实，用以类比的东西原本就不可能是同一种东西，不同的东西肯定有不同的地方，而这个不同的地方，就可以用来攻击类比不当。

## 不当类比

**误区**

只强调差异：
不能笼统地说二者不是一回事，正确的做法应该从两个角度予以阐释。

角度1：可以试着用另一种类比反驳对方。

角度2：可以顺承对方的类比进行延伸阐述。

**使用注意**

类比，并不是一种论证方式，而是一种为了让自己的观点更简单易懂而使用的表达手段。所以反驳类比不等于要推翻对方的理论，只是指出对方表达方式的不恰当。

# PART 5

## 理性思考

### 别被错误的逻辑带偏

## 滑坡谬误 | 存在可能性，不等于必然会发生

印度电影《起跑线》，讲述的是依靠着自己的努力上升为中产阶级的拉吉夫妇，为了让孩子接受好的教育四处奔忙，由此引发的一连串故事。

剧中，拉吉的妻子米图，不愿意让孩子重复他们年少时的读书经历，一心想让孩子远离他们曾经受教育的学校。每次丈夫拉吉对孩子上学的问题发表与她不一致的言论时，米图就会抓狂，哭丧着脸，开始那一段经典的碎碎念：

"孩子上不了好的幼儿园，就进不了好的中学；进不了好的中学，就没法考上好的大学；考不上好的大学，就不能进入跨国公司找一份好工作……这样孩子就会被同伴撇下，那孩子就会崩溃，最后孩子就会学坏，然后吸毒……"

每每听到"吸毒"这样的结局，拉吉就被妻子吓得不行，赶紧认同她的想法。然而，屏幕外的我们，却是哭笑不得。这位女主角把中产阶级为子女上学之事展现出的焦虑，以及她那糟糕至极的信念，演绎得淋漓尽致。搞笑之余，也是令人感慨。

我们都知道，就算孩子上不了好的幼儿园，最后的结果也不一定就是学坏加吸毒。女主角米图这一连串的碎碎念，其实就是犯了逻辑上的"滑坡谬误"。

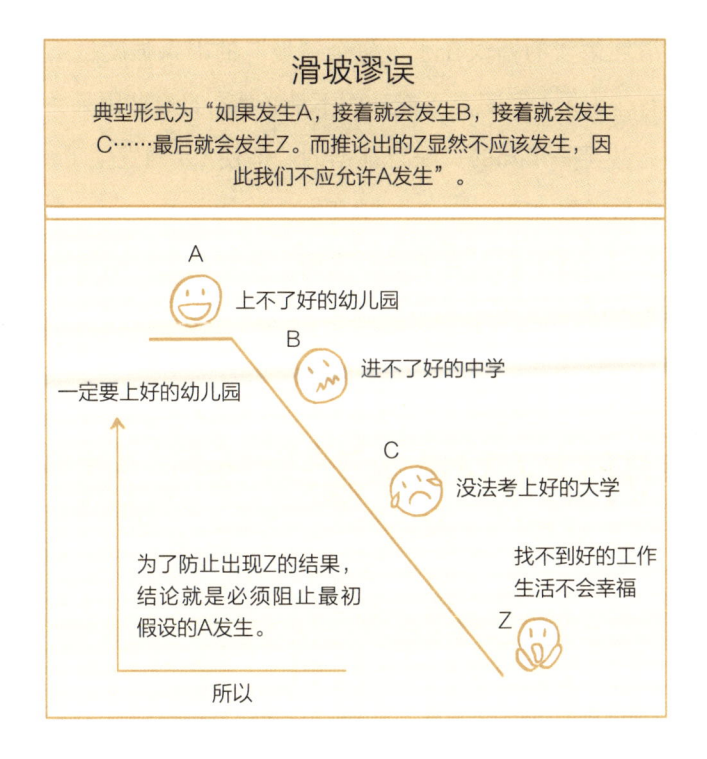

## PART 5 理性思考 | 别被错误的逻辑带偏

### 滑坡谬误

典型形式为"如果发生A，接着就会发生B，接着就会发生C……最后就会发生Z。而推论出的Z显然不应该发生，因此我们不应允许A发生"。

一定要上好的幼儿园

A 上不了好的幼儿园
B 进不了好的中学
C 没法考上好的大学
Z 找不到好的工作 生活不会幸福

所以

为了防止出现Z的结果，结论就是必须阻止最初假设的A发生。

上述的这种情况，之所以会构成谬误，并不是因为支撑论证的因果链条太长，事实上也存在这样的情况，就是一连串的复杂因果相互关联，从第一个原因出发得到了极端的结果，蝴蝶效应就是一个典型案例。

> **划重点**
>
> 滑坡谬误，就是指不合理地使用连串的因果关系，将"可能性"转化为"必然性"，以达到某种意欲之结论。

滑坡谬误的错误在于，每个"坡"的因果强度是不一样的，有些因果关系只是可能，而不是必然；且有些因果关系很微弱，甚至是未知的、缺乏证据的。即使A真的发生了，Z也并非必然发生。

所以，在没有足够的证据之前，不要认定极端的结果必然会发生。

## 诉诸恐惧 | 究竟是真危险，还是威胁恐吓

齐国有一个长相奇丑的女子，人称无盐。

一日，无盐求见齐王。齐王见她丑陋异常，故意说道："我宫里的嫔妃已经备齐，你想到我宫中，试问你有什么特殊的才能？"

无盐很坦然地答道："我没有什么特殊才能，只是懂一点隐语之术。"说完，她扬目衔齿，举手拊膝，高喊："危险了！危险了！"见此情形，齐王和大臣们都被吓了一跳，同时又很好奇，想知道无盐这隐语之术到底有什么绝妙之处。

在齐王的追问下，无盐解释说："刚刚，我瞪眼是在替大王观望烽火的动向，我咬牙是替大王惩罚那些不听劝谏的人，我挥手是为大王赶走奸佞之徒，我拍膝是要拆除专供大王

娱乐的渐台。"

听完无盐的解释，齐王又追问："那你喊'危险了'，又是何意？"

无盐说："大王您统治齐国，西有强秦之患，南有强楚之敌，大王又爱奉承之徒，这是危险之一；大王大兴土木，高建渐台，聚敛大量的财富珠宝，百姓苦不堪言，怨声载道，这是危险之二；贤明之士躲在山林，奸邪之人立于朝廷，欲规劝者见不到您，这是危险之三；大王终日设宴游乐，外不修诸侯之礼，内不关心朝政，这是危险之四。"

齐王听了无盐的话，意识到自己的问题，不寒而栗。而后，长叹一声："无盐的批判太深刻了，我的确处于危险之地。"之后，齐王纳无盐为后，在她的辅佐下，一改往日的问题，把齐国治理得井然有序。

恐惧是人类最原始的情感之一，也是人类生存的一种直觉反应。当人类感到恐惧的时候，经常会做出一些可怕的或不寻常的事情。恰恰是由于这种天性，恐惧经常被一些说话者使用，以此强化自己的观点，这就是诉诸恐惧。

### 划重点

诉诸恐惧是一种逻辑谬误，是利用威胁和恐吓，迫使别人屈服于自己的观点，受到自己的掌控。说话者诉诸的恐惧，是否真的与事实相符，是值得怀疑的。

无盐在劝说齐王的时候，营造了一种恐怖的氛围，引起了齐王的警惕和关注。虽说她分析的四条"危险"有些道理，可或多或少还是有危言耸听之嫌。

诉诸恐惧的说服术重在一个"危"，就是刻意描绘危险，让人感到恐惧，从而愿意听信说话者的建议，为其解除"危险"。说话者阐述的"危"，不都是空穴来风，它有一定的事实依据，只是被适当地夸大，渲染出令人恐惧的效果，以达说服的目的。

"这种食物比砒霜更毒，你还在吃吗""卧室里放这个，全家得癌症""如果你有孩子，不懂这一点很可能耽误孩子一生"……面对这样的内容，你一定要认真思考和辨别，采纳有用的内容即可，千万不要被恐惧影响或牵制，给自己增加焦虑，或是作出违背自己意愿的、不必要的决策。

## 诉诸后果　结果的好坏，无法证明观点的对错

相传，美国曾因参战需要，动员大批的年轻人入伍，但很多青年过惯了安逸舒适的生活，害怕战场上的危险，纷纷抵制征兵令。

为此，地方的行政长官很苦恼，不知该如何向上级交代，其中俄亥俄州的地方行政长官，先后被参谋长联席会议主

席狠狠地训斥了五次。可即便如此，他还是表示无能为力，说自己已经尽了最大的努力，可无论如何也无法说服那些懦弱且意见纷杂的年轻人。

后来，有一位士兵毛遂自荐，说他可以帮助长官解决难题。行政长官半信半疑，可又没有其他的办法，就只好让这位士兵一试。

经过一番准备后，这位士兵来到了征兵现场发表演讲。他说："亲爱的朋友们，我和你们一样，都特别珍惜自己的生命。我想说的是，热爱生命是无罪的，因为每个人的生命都只有一次。摸着良心说，我也十分厌恶战争，恐惧死亡，如果要求我去前线，我也会跟大家一样，逃避这项命令。"

底下的年轻人见他说的话很"贴心"，也便安静下来，听他后续的演讲。

他继续说道："有时候，我们需要换位思考。假如今天我处在你们的位置，我在担心参军的危险之余，还存在一种侥幸心理，且这种侥幸不是凭空的：如果我服兵役，上前线的概率是50%，那么还有50%的概率留在后方；即使上前线，我作战的概率是50%，还有50%的概率是成为某长官的贴身勤务员，留在安全区工作；万一我不幸必须要扛枪上战场，那么我受伤的概率仍是50%；就算我不幸受伤，受重伤的概率依然是50%，还有50%的概率是轻伤，上帝会眷顾我。所以，我有什么理由过分担心呢？"

稍作停顿之后，这位演讲者继续讲："也许你会说，万一运气不好受了重伤怎么办？我想告诉你，医生会帮助我们，从死神的手里夺回生命。当然，如果运气糟糕透了，不幸为国捐躯，那么我的家人会为我感到骄傲，我的父母会被授予一枚特别的勋章，还能够领取到一笔数额可观的保险金和抚恤金，邻家的孩子们会把我当成英雄一样顶礼膜拜。当我以一名勇敢的战士来到天堂时，说不定还可以见到万人敬仰的华盛顿将军。"

听完这些话，底下的年轻人受到了莫大的鼓舞，他们表示愿意赌一把。也许，他们是想成为英雄，被亲人、朋友、邻居铭记于心；也许，他们是家境不好，想着万一为国捐躯，还能给家人留下一笔可观的抚恤金……不管怎样，他们真的被说服了。这位说服了年轻人入伍的士兵，后来也得到了长官的重用。

从演讲方面说，这位士兵的确懂得换位思考的艺术，所说的话也有一定的代入感和影响力，但从逻辑学上讲，我们却要把他称为"诡辩大师"。因为，他的那番精彩演讲，存在许多的逻辑谬误，话里话外都在弱化战争的危险，强调入伍的好处。

让我们看看他的逻辑谬误都藏在什么地方。

——"如果我服兵役，上前线的概率是50%，那么还有50%的概率留在后方。"

这是不符合逻辑的，因为上前线的士兵与留在后方的士兵数量之比不是绝对的1∶1，上前线的士兵人数肯定比留在后方的人数多。这就意味着，上前线的概率肯定要大于50%。

——"即使上前线，我作战的概率是50%，还有50%的概率是成为某长官的贴身勤务员，留在安全区工作。"

这也是一个谎言，因为上前线的士兵与留在后方的士兵数量不是相同的，前者的数量远大于后者，所以上前线作战的概率也是远大于50%。

由此可见，上前线作战的概率是很高的，而这也是美国政府征兵的主要目的。可在这段演讲中，它却被演说者弱化成了"50%的概率"，这一数据有很大的欺骗性。另外，他所做的"不幸受伤""受重伤""为国捐躯"等假设，也都是在强调相对较好的结果，毕竟身亡后可以成为英雄，为家人留下抚恤金。

这种以讨好或不讨好的结果说服他人的方式，叫作诉诸后果，属于逻辑谬误的一种。

> 划重点
>
> 诉诸后果，是指将支持或反对一个命题的判断诉诸接受或拒绝此命题将产生的后果。一个命题会导致一些不受欢迎的结果，并不意味着这个命题是伪的；同样，一个命题会导致好的结果，也不能让它变成真的。

结果的好坏，不能传递到原因。如果生活中有人试图以讨好或不讨好的结果来说服你，那他就犯了诉诸后果的谬误。因为他不是通过正常的逻辑来证明自己的观点，以达到说服的目的，而是通过告知你会有怎样的后果，以达到引诱、哄骗、威逼等目的，最终让你屈服于他的观点。

## 过度引申 | 一点小失误不足以否定整个人

一位年轻的妈妈，本身是舞蹈老师，平日对其他孩子都很有耐心，唯独在教自己的女儿跳舞时，总是特别苛刻。女儿有个动作做得不太理想，妈妈就失去了耐心，说道："教你多少次了，这么简单的动作还总是出错，我看你就不是跳舞的料！"

从教育学的角度来说，孩子经常遭到父母这样的批评，会逐渐变得没有自信，自我价值感也会降低。从逻辑学的角度来说，这位妈妈的批判，也是毫无道理的。

> **划重点**
>
> 因为某方面的一些差错，就否定一个人在这方面的天赋，认为他不可能取得成就，这是一种逻辑谬误，叫作"过度引申"。

过度引申的情况，在现实中频频发生，且对人的心理伤害也是很大的。

有的学员在驾校学习开车时，总是因控制不好离合器而使车辆熄火，或在倒车时判断不好方向。面对这样的情况，学员自己本来就很紧张，也担心被教练说。这个时候，偏偏有些教练就会抨击学员："你这操作能力也太差了点儿，将来怎么上路啊？我觉得，你就属于不适合开车的那类人。"

有的人很喜欢写作，经常给各个杂志社、网络媒体投稿，但屡次被拒。朋友见他闷闷不乐，就劝道："不是所有人都能成为作家。你投了这么多篇文章，一篇也没有被录用，还是放弃吧，可能你注定就吃不了'这碗饭'。"

想想看，换作是你，听到这样的抨击声音，会有什么样的感受？己所不欲，勿施于人。我们自身也要避免犯过度引申的谬误，因为这原本就是毫无逻辑的推导。一次或几次的失误和挫败，不能推导出一个人在这方面不可能有成就。

新手上路时，都会遇到熄火的情况，但后来也开车开得很熟练；多少知名的作家，在未成名之前，也遭到过多次的退稿，但这并不意味着他的写作能力有问题，也不代表他无法成为作家。

错误可以改正，缺陷可以弥补，能力可以提升，失败可以战胜。不随意否定自己，不随意否定他人，用发展的眼光看待自己、看待他人，这才是理性的思维方式。

> **纠正过度引申谬误的方法**
>
> 不轻言放弃，保持乐观和自信，并孜孜不倦地努力。

## 预期理由：没有发生的事情，不具备可信度

某人向朋友借2万元钱，声称半年后连本带利一起还，利息是本金的30%。

听起来挺大方，但朋友并不买账，因为这不是某人第一次向他借钱了。他直截了当地回复说："我手里也没什么钱，况且你上次从我这里借的钱，还差2000元没还呢！"

某人脸不红、心不慌，神色镇定地说："放心，兄弟！这次啊，我一并都还给你，把这2000元钱也算在本金里，你看怎么样？"

朋友说："听起来是不错，但我怎么才能相信你？"

某人神秘地说："现在，我正跟别人合作一个项目，这个项目结束后，起码能赚二三十万元，到时候你还怕我没钱还你？"

朋友笑了，说："你先把那二三十万元赚到手再说吧！"

为什么朋友不肯再借钱给某人？诚信肯定是一个重要的原因，还有一个原因就是，某人把没有发生的事情拿来作为论据，企图证明自己有偿还能力。这种论证手段是一种典型的诡辩术，在逻辑学上叫作"预期理由"。

> **划重点**
>
> 预期理由是一种谬误，它在证明或反驳一个观点时，把真实性有待验证的判断作为论据，不具有可信度和说服力。

"用望远镜观察火星，可以发现上面有不少规则的条状阴影，而这些就是火星人开凿的运河，因此火星上是有人的。"在这句话中，"条状阴影就是火星人开凿的运河"这一前提，是没有经过证实的，不知道真假，所以根本无法据此推断出"火星上有人"的结论，这犯了预期理由的谬误。

现实生活中，特别是在销售领域，预期理由经常会被用来劝说客户。

某销售员对客户说："您之前购买的这款产品，公司明年可能会调高价格，为了避免您在价格方面遭受损失，我建议您趁着价格未调整，赶紧订购半年的存货。这样的话，能节省不小的成本。"

总之，对于一些严谨的科学问题，以及牵涉自身利益的重大问题，一定要提高警惕，不能轻信预期理由。

## 采樱桃谬误 | 只说有利的一面，隐藏不利的信息

在销售过程中，有些业务员为了尽快达成交易，会有选择性地摆出论据，挑对自己有利的话来说。实际上，这是运用了逻辑学上的隐瞒证据，也叫作采樱桃谬误。

> **划重点**
>
> 采樱桃谬误，是指像采樱桃那样，专门拣那些好的樱桃摘，比喻有选择性地说话，只呈现美好的部分，而把不利于自己的那些话藏起来。

一位售楼小姐向一位中年阿姨推销房子，通过简单的交流，她得知阿姨近期迫切地想入手一套房子，给儿子当婚房。于是，她向这位阿姨介绍了房子的楼层、格局、面积、朝向等一系列内容。阿姨听了半天，还是云里雾里，就跟她说："这样吧，你带我去现场看看，看过之后，我心里才有底。"

售楼小姐带阿姨来到小区后，阿姨提出这个房子周围的环境不太好，说："你看，附近就是火车站，每天有多趟火车经过，太嘈杂了。"

## PART 5
理性思考 | 别被错误的逻辑带偏

售楼小姐赶紧解释说:"阿姨,您有所不知,咱们这儿离火车站近,出门乘坐火车很方便,要是您儿子出差什么的,下火车后很快就到家了,都不用打车了。您说是不是?现在,有不少人专门挑这附近的房子呢!况且,这儿的房子升值空间很大。"

听到售楼小姐这么一说,阿姨觉得也有道理,就接受了这房子的位置。但很快,她又发现了一个不如意的地方:"我(买房)要给儿子当婚房用,但主卧没有卫生间,这不方便啊!上个厕所还要跑来跑去,冬天更是麻烦!"

售楼小姐笑着解释:"阿姨,卧室是清净休息的地方,而卫生间是污秽之地,在卧室里设卫生间,其实对人身体是不太好的。您想啊,卫生间里潮气很重,设在卧室,不影响卧室的空气质量吗?"

阿姨点点头,觉得这姑娘说的是那么回事。

最后,售楼小姐对阿姨说:"您看,这房子的格局、面积,您都挺满意的。要不,咱们把售房合同签了?签了之后,您就能拿钥匙了,也能提早安排装修,甚至明天就可以动工。结婚是大事,总得提前准备,您说是吧?"

阿姨说:"没错,那首付款是多少?"

售楼小姐说:"通常,首付款是购房全款的30%,我们现在有优惠活动,只要支付购房全款的10%就可以。这套房子的总价是200万元,您支付20万元的首付就行了。"

阿姨一听很高兴,说:"20万元就能买房了啊?太好了。"

就这样,阿姨签了购房合同,交了20万元的购房款。可就在签完合同之后，售楼小姐却告诉阿姨："剩下的购房款，您可以通过房贷的形式来支付，每个月支付13700元的贷款，还贷20年即可。"

"啊！每个月还13700元？这不是要人命吗？我哪儿有能力每个月支付这么多钱啊！你为什么不早点儿告诉我？要是早知道……"阿姨懊恼不已，责怪售楼小姐没有说清楚，结果陷入了扯皮之中。

售楼小姐强调房子的种种好处，哪怕是客户提出的异议，也巧妙地掩饰过去了。她的目的很明确，就是给买者造成错觉，让买者误以为房子真有她说的那么好。

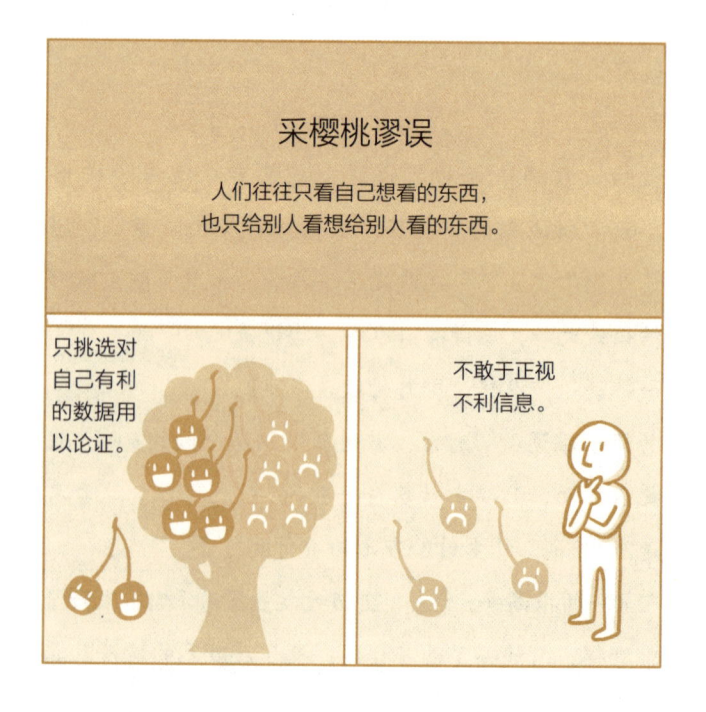

### 采樱桃谬误

人们往往只看自己想看的东西，也只给别人看想给别人看的东西。

只挑选对自己有利的数据用以论证。

不敢于正视不利信息。

当然了，那位买房的阿姨也比较粗心，连最起码的贷款买房常识都不了解，只听到"首付20万元"就冲动地签了合同。这也提醒我们，在作出购买决定之前，一定要了解产品的优缺点，做到深思熟虑。

## 预设谬误 | 警惕那些"不正当"的假设

生活中，有一些论证是依赖于假设的，即用那些被认为理当如此的有力预设或背景信念。但是，如果论证时预设一个存在争议的信念理当如此，就犯了预设谬误。

> **划重点**
>
> 预设谬误，就是指假设不正当，却还通过精确的论证来表述。换言之，假定本身存在问题，因而结论也不成立。

预设谬误包含多种形式，我们可以结合一些例子分别看一下。

### 形式1：争议前提

在许多有关冲突议题的日常论证中，争议前提的谬误比较常见。

前提1：在堕胎的过程中，胎儿被故意杀害了。

前提2：胎儿是无辜的人。

前提3：故意杀害一个无辜的人是谋杀。

结论：堕胎属于谋杀。

我们来看看这个例子。前提1是没有异议的，但是前提2和前提3却存在争议。胎儿到底是不是人呢？这是有争议的，故而不能用来作为论据，除非已有充分的理由来支持这些前提。要避免这样的谬误，我们就要保证不让前提含有任何具有争议的语句。

### 形式2：窃取论题

窃取论题的谬误，通常是要求听者直接接受结论，而未给出任何真正有价值的证据，故意隐去某个重要却存在争议的假设。换句话说，如果一个论证把它着手证明的结论假定为一个前提，那它就是窃取论题。

——为什么中国人爱说谎？

显然，看到这个论题时，我们应当论证"中国人是否爱说谎"，但说话者直接把"中国人爱说谎"这个命题作为事实来提问，其后也只就"为什么"来作答，而不去论证"中国人是否爱说谎"，这就是窃取论题。

### 形式3：复杂问句

复杂问句，是以问句预设了某些假设为真的方式来询问。这种谬误询问了一个只能够用"是"或"否"来回答的问题。当一个问句是复杂的，且掩藏着多个预设时，就必须逐个否定，不然就会导致对其他假定的肯定。

两个差役对庞振坤说："你家养的贼，偷了这一带财主的东西，现在在衙门候审。"庞振坤一听，就知道是他得罪的财主故意陷害。他想，贼应该不认识他，于是就跟着差役去了衙门。

到了街上，他向熟人要了一个布袋，套在头上，把脸遮住，只留着两个眼睛。来到大堂上，他对县官说："家里养了贼，实在没脸见人，所以才用布袋遮住。"

县官问那贼："这就是你的主人？"

贼说："是的。我在他家已经三年了。"

这个时候，庞振坤问那贼："我庞振坤没什么名气，但我这个庞大麻子是远近闻名的。你在我家里住了三年，你说说看，我是大麻子还是小麻子，是黑麻子还是白麻子？"

贼愣了一会儿，心想，还真是个厉害的角色，我得说一个"活话"。于是，贼回答说："你这个麻子，不大不小，不黑不白。"

这时，庞振坤取下布袋，说："县太爷，您看我脸上，哪儿有麻子？"

原来，这是财主们买通的一个地痞混混。结果，此人被判了诬陷罪。

我们看得出来，庞振坤询问贼的那一句话——"我是大麻子还是小麻子，是黑麻子还是白麻子"，就是一个复杂问句。无论对方怎么回答，都承认了这一虚假的预设，即"主人脸上有麻子"。

在生活中，当有人向我们提出这种复杂问句时，一定要注意辨别其中所包含的预设的真假。因为诡辩者为了达到诡辩目的，时常会刻意制造复杂问句，诱惑我们落入他的陷阱。反之，如果我们身处需要辨别真伪的场合，也可以用复杂问句来探虚实。

### 形式4：虚假选言

众所周知，选言是有至少两个命题或"选言支"的复合命题。所谓虚假选言，是一种推理错误，它会影响选言前提的论证。当论辩者给出一个选言前提，而该前提表达了穷尽的、不相容的选言支时，我们必须判断实际情况是否是这样。

——要么所有英国大学都把项目完全转变成在线课程，要么所有英国大学都将破产。

这个论证就犯了虚假选言的谬误。要避免虚假选言，我们在评估一个具有选言前提的论证时，要考虑以下三点：

断言是否仅提供了两个极端的选言支？

选言支是否被假设为不相容？

两个选言支在事实上是否为假？

如果所有的答案都为"是"，那么这个论证就犯了虚假选言的谬误。

### 形式5：例外谬误

例外谬误是削弱论证的另一种预设谬误，即当一个论证判定某个情况符合某个普遍规则或原则，但事实上这是一个例外情况时，该论证就犯了例外谬误。

假设，某人做了这样一个推理：

——狗是友好的动物。

——我的皮皮是一只狗。

——皮皮是一只友好的动物。

假设皮皮最近咬了某人的6个朋友，以及3个陌生的路人，那我们要如何判断这个论证？通常来说，"狗是友好的动物"是真的，但这个规则对于皮皮来说并不适用。某人并没有注意到这一点，忽略了这个规则也有例外。所以，他的推理属于例外谬误。

在生活中，我们要如何避免例外谬误呢？

牢记一点：通常为真的原则可能并不总是真的，有时也有例外。即使是最佳的原则也有例外，并且如果一个原则被滥用，就会产生例外谬误。

## 诱导性问题 | 以某种暗示诱导他人作答

丽莎挨着姐姐坐在客厅的沙发上，她无事可做，不久就觉得厌烦。姐姐正在看书，丽莎偷偷瞄了几眼，发现上面既没有插图，也没有对话。于是，她就说了一句："这本书有什么用？既没插图，也没有对话。"

类似这样的话，我们在日常聊天时经常会听到，不刻意琢磨，并不觉得有什么问题。可实际上，丽莎在问姐姐这个问题的时候，已经借用问题的形式回答了这个问题。

在生活中，很少有人会对此进行刻意分析，若是换一个场景，置身在法庭上，像丽莎这样问话却是不被允许的，因为它已经设定了正确答案，或是带有某种暗示，让人倾向于回答某种答案。律师会提出异议，指出这是一个"诱导性问题"。

就像这个问话："你现在还会殴打妻子和孩子吗？"

无论被告回答"是"或"不是"，都等于默认了殴打妻子和孩子的事实。所以，辩护律师听到这样的问话后，通常会抗议说："诱导性问题。假定的事实不是证据，被告殴打妻子和孩子的事实尚未得到确认。"

> **划重点**
>
> 诱导性问题，是提出缺乏理由或无法接受的假定，其目的往往是回避某个问题，并诱导出自己想要的答案。

在生活中，我们要格外留意这种暗示或未明示的假定。假如有人跟你说：你不认为这么想是合理的吗？你不觉得这有可能发生吗？……请让你的大脑保持清醒，对方的意图是诱导你，让你跟着他的思路走，千万别被忽悠了。

## 诉诸权威 | 权威说的话也不一定是对的

"为什么你突然迷上香水了?"

"可可·香奈儿说了,不用香水的女人没有未来。"

这样的对话,这样的情景,你一定不会陌生,身边的人乃至自己,可能都做过类似的事。我们想解释一件事,往往喜欢引用名人名言,特别是一些领袖人物的话,来支持自己的观点。原因就是,这些人本身具有强大的影响力和说服力,适当地引用他们的话以补充、充实证明论题的论据,有一定的可取价值。

不过,需要注意的是:如果在论证的过程中,不重视收集和列举其他事实或普遍规则、规律来作为证据,那么即便是名人或权威说的话,也不一定就代表真理,因为它本身还存在局限,还应当受到逻辑与实践的拷问。

以上面的这句话为例——"可可·香奈儿说了,不用香水的女人没有未来",我们都知道,可可·香奈儿是时尚界的名人,可她说的这句话,是否能代表事实与真理呢?

诚然,香水可以为女性增添魅力,但不是每一位成功女性都喜欢用香水,也不是每一个用香水的女人都可以借助香水的魅力获得一个美好的未来。如果仅仅凭借可可·香奈儿的那句话来支撑"不用香水的女人没有未来"这一论题,显然缺乏足够的论据。

> **划重点**
>
> 在逻辑学中,以权威人士的只言片语为论据来肯定一个论题,或者以权威人士从未提出过某命题为论据来否定一个论题,属于诉诸权威的谬误。

权威具有相对性、多元性、可变性和时效性,为此在诉诸权威的时候,一定要注意以下几点:

第一,所诉诸的权威必须是论题所在领域的权威。正所谓,隔行如隔山,某一专业领域的权威,不一定对其他领域的问题也精通。倘若是文学领域的问题,引用军事领域权威的话来作论据,就不是在恰当领域诉诸真正意义上的权威。

第二,不要诉诸"过期的"权威,注重权威的时效性。如果忽略了时代的变革和发展,就等于是在静止地看待问题,犯形而上学的错误。

第三,所诉诸的权威秉持的观点,要在诸多权威中间形成普遍共识。如果只是某一权威的个人意见,或者权威之间对其存在异议,那就不适宜将其作为论证的论据。

总之,要警惕诉诸权威的谬误,对权威说的话要多一些反思,少一些盲从。

# 因果混淆 | 错把相关当因果

有一个喜欢思考的孩子，注意到了这样一个现象：

每天早上，太阳都会升起，到了傍晚，就会落山，也不知道它藏到了什么地方。为了弄清楚太阳到底去了哪儿，这个孩子在每天太阳落山的时候都会盯着它。可是，无论怎么观察，他依然找不到问题的答案。

后来，这个孩子又注意到了一件事，他家的保姆阿姨，也是早上出现在他家，傍晚离开，然后就不见了。孩子好奇地问："阿姨，您晚上去哪儿了？"保姆告诉他："孩子，阿姨晚上回家了。"

就这样，孩子把保姆阿姨的来去和昼夜循环联系在一起，得出了一个结论：因为保姆阿姨回家了，所以太阳也回家了。

孩子的想法颇具童真的味道，但这样的逻辑错误，却不只是发生在孩子的头脑中。事实上，这种思考问题的方式是错的，属于因果混淆。

> **划重点**
>
> 事物之间有相关性，并不能证明它们存在因果关系。有时，两者之间的因果恰恰相反，或者两者之间根本没有因果关系。

我们经常会在生活中听到或看到这样的推理——

·研究发现,越是成功人士,睡眠时间越短。

·研究发现,去医院越多,越容易生病。

·研究发现,儿童时期吃西蓝花越多,成年后的职业收入往往也越高。

事实上,这些推理都存在严重的逻辑错误,就是我们前面说的因果混淆。

照这样的说法,要是不睡觉,是不是就能变成富豪?就算生病了,也别去医院?现在赚钱少,是因为小时候吃的西蓝花太少?这里的每一个推理都只是相关关系,但这种相关关系,是推理不出因果关系的!

把相关关系与因果关系混淆,是人们经常会犯的错误,也是很危险的一件事。尽管原因先于结果出现,但先于结果出现的还有许多其他因素,而其中有很多并不是引发结果的原因。分析事物,一定要谨慎,不能把相关关系视为因果关系。否则的话,就会做出错误的判断。

## 重复谎言 | 谎言重复一千遍仍是谎言

《史记·秦始皇本纪》中记载过一个"指鹿为马"的故事:

秦二世的时候，宰相赵高掌握了朝政大权。他担心群臣中有人不服，就想了一个办法。有一天上朝时，他牵来一只鹿，告诉秦二世说："陛下，这是我献的名马，一天可以走千里，一夜可以走八百里。"秦二世听后，大笑说："丞相啊，这明明是一只鹿，你却说是马，真是错得太离谱了。"

赵高辩解说："这的确是一匹马，陛下您怎么说是鹿呢？"

秦二世觉得诧异，就让群臣百官来评判。大家都知道，说实话会得罪宰相，说假话又是欺君，就都默不作声。这时候，赵高盯着群臣，手指着鹿，问道："大家看看，这样身圆腿瘦，耳尖尾粗，不是马是什么？"

群臣都畏惧赵高的势力，知道不应答不行了，就纷纷附和说是马。赵高很得意，秦二世也被弄糊涂了。"明明是鹿，为什么大家都说是马呢？"他的看法开始动摇了，以为那真的就是一匹马。

听起来似乎有点儿可笑，可这样的情况，并不只是个例。在《战国策·秦策二》中，也有一个类似的故事：

曾子名叫曾参，曾经住在一个叫作"费"的地方。在那里，有个人与曾子同名同姓。有一天，那个人杀人了，有人就跑来告诉曾子的母亲，说"曾参杀人了"。曾子的母亲很淡定，她说："我的儿子是绝对不会杀人的。"说完，就若无其事地继续织布。过了一会儿，有人又说"曾参杀人了"，曾子的母亲还是继续织布。

不一会儿，又有人跑来告诉曾子的母亲，说"曾参杀人了"。这一回，曾子的母亲怎么也坐不住了，心里担忧得要命，扔下织布的梭子就跑了出去。

两个不同的故事，如出一辙的寓意：众人的言论，往往能混淆是非。就像纳粹德国的宣传部部长戈培尔所说："谎言重复一千遍就是真理。"事实上，我们也看到了，谎言不需要重复一千遍，只需要重复三遍，就可能让人信以为真。

这是不是有点儿诡异？不断地重复一个虚假的观点，哪怕没有进一步提供论证或支持，仿佛也可以削弱论敌的反驳，但真的是这样吗？

> **划重点**
>
> 不断地重复会增加逻辑的合理性，让人误以为事实就是那样，但这是一种错误的逻辑。没有进一步地阐述论点，再多的重复也跟事实无关。

重复谎言的谬误，完全是在诉诸心理因素，而不是诉诸理性；它是在否认事实、百般抵赖，甚至是睁着眼说瞎话。不过，谎言终究是谎言，虽能蒙蔽一时，却永远无法变成正确的逻辑，终有一天还是会被事实击得粉碎。

# 事实断言 | 质疑并追问断言的可靠性

我们遇到的绝大多数论证涵盖着这些看法：
- 过去是什么样？
- 现在是什么样？
- 将来是什么样？

> **划重点**
>
> 立论者的目的，是希望我们将这些看法当成事实，并认同、接受它们。这些看法，有可能是假设，也有可能是理由，还有可能是结论，我们可以将其统称为"事实断言"。

当立论者把一个看起来无懈可击的"事实断言"摆在你面前时，你的第一反应是什么？是选择无条件地相信，还是选择仔细分析，看看这个结论有无疏漏？如果你选择的是后者，又该从哪些方面着手对事实断言进行验证呢？

面对事实断言，如果想要验证它，则需要提出并回答以下几个问题：

问题1：我为什么要相信它？

问题2：有没有证据来支撑这一断言？

问题3：证据的效力可靠吗？

> **划重点**
>
> 如果需要证据来支撑这一断言，而你没有看到证据，那么这个断言就属于孤立断言，即这一断言没有用任何方式加以证实。对此，你应当严肃地质疑孤立断言的可靠性，并进一步向立论者求证。如果有证据，为了客观地评价推理过程，你需要询问证据的效力。

有些事实断言，总是会比其他的事实断言显得更加可靠。比如：说"大部分美国参议员是男性"这一断言是真的，你可能没有太多的质疑；然而，要说"练习瑜伽可降低罹患癌症的风险"这一断言是真的，你可能有点信心不足了。

对于绝大部分的断言来说，想要证实它是绝对的真理还是绝对的谬误非常困难。与其如此，不如询问它们是否真的可靠。通常来说，支持某个断言的证据数量越多、质量越高，它的可信赖程度就越高，同时也越可以将这样的断言称为"事实"。

可能有人会问：有没有什么办法，可以帮助我们确定断言的可靠程度呢？答案是：有！我们可以借助提问来实现。

问题1：你的证明是什么？

问题2：你如何知道它是真的？

问题3：你有什么证据吗？

问题4：你为什么相信它？

问题5：你能确信它是真的吗？

问题6：你可以证明吗？

当你养成了经常问这些问题的习惯，你就离批判性思考者之列不远了。这些问题要求提供论证的人进一步解释这些论证的基础，以证实其言论的准确性。

任何一个提出论证的人，只要他希望你认真思考这个论证，都会毫不犹豫地回答你这些问题。他们知道自己掌握了实质性的证据，可以证实其断言。所以，他们会希望你了解这些证据，并渐渐认同他们的结论。反之，对于出示证据这一简单的要求，如果对方表现得大发雷霆或躲躲闪闪，多半是因为他们感觉很尴尬，难为情。因为他们已经意识到了，自己没有足够的证据去支撑某一看法或观点。

## 诉诸传言 | 道听途说，不足为信

孔子的学生颜回，在煮粥的时候发现，粥里掉进了脏东西。他很自然地用汤匙把这个脏东西捞起来，准备将其扔掉。就在这个时候，他忽然想到：一粥一饭来之不易，就这么扔了，怪可惜的！于是，他就把脏了的粥吃掉了。

这一幕刚好被路过的孔子看到，孔子误以为颜回偷吃食物，就与他进行交流。听过颜回的解释，孔子才恍然大悟，知道自己错怪了颜回。于是，他感慨地说道："我亲眼所见的事情都不一定是真的，更何况是道听途说的呢？"

我们经常说："耳听为虚，眼见为实。"生活中难免出现巧合与误会，我们看到的也许只是事情的一个侧面，根本不是全部的事实。至于小道消息，就更不足以为信了。

> 划重点
>
> 听信传言，并以传言作为论据，就犯了诉诸传言的谬误。

有句话说："流言止于智者。"面对传言，我们要保持理性、清醒的头脑，没有经过验证的说法，不轻易信以为真，更不要将其进行传播，冷处理就好。因为，这些传言很有可能是别有用心者刻意杜撰出来的，也有可能是被扭曲了的事实。就算你认为，某种传言有可能是真的，也要进行客观、详细的调查，以事实依据来说话。

## 破除迷信 | 多去关注真实的事物

"今年本命年，要穿红衣服，这样能带来好运。"
"把可乐罐绑在婚车上，驱走不干净的东西。"

"新年就应该放鞭炮，这样才能吓跑年兽啊！"

"这个楼梯不吉利，最好不要走，好几个人从这里摔下来过。"

类似这样的说辞，相信你也能补充上来一大堆。但在这里，想要提醒大家："一切迷信都是荒谬的。"因为，迷信的定义就是对某个不变的事物进行唯一的极端相信，相信神灵鬼怪等超自然的东西，毫无根据可循。

> **划重点**
>
> 科学是允许自我证伪的动态开放的可靠方法，讲究形式逻辑与证据。迷信是无条件接受、不允许质疑、没有形式逻辑、不需要可靠证据，是盲目地相信，没有理由地相信。

原南昌大学校长周文斌，迷信风水到了近乎荒唐的程度。他以"讲授易经知识"为名，安排风水先生登上讲坛，还以学校的名义聘请风水先生担任学校的顾问。当该校领导班子从老校区搬入新校区的办公楼后，周文斌还请了一位风水先生为他看风水。为了所谓的辟邪和保障仕途顺利，风水先生建议周文斌在新校区行政办公楼前广场的一个特定位置埋些东西，周文斌听信并执行了。

很可惜，周文斌的一番做法，并没有确保他官运亨通。后来，他受贿、挪用公款之事被举报，二审被法院判处有期徒

> 黑猫真的不能养吗?
> 这到底是科学还是迷信?

刑12年。那些风水先生给他设计的家居布局,各种辟邪之道,都没有奏效。

许多人很好奇:迷信到底是怎样迷惑一个人的思维的呢?

答案并不复杂:迷信让人从思想上脱离现实!当我们应该关注真实的事物时,迷信却让我们把时间浪费在了思考虚假的事物上。

——"黑猫不吉利,看见了就要躲开。"

躲避黑猫是有宗教渊源的,早在中世纪,就有女巫会化身黑猫的说法。所以,只要看到黑猫,人们就会认为那是女巫变成的。

——"他从梯子下走过,一年后他死了。"

从梯子下走过,有可能会被掉下来的东西砸到,这种危险是真实存在的,就好比在路上行走存在被车撞到的可能。但,仅仅是有这种可能,不是必然。迷信让人从思想上脱离了这一现实，让人"觉得"从梯子下走过，就会让自己的人生走霉运；让人相信"从梯子下走过"这件事会对"命运"产生不好的影响，这纯属无稽之谈。

面对社会生活中的"迷信"现象，我们要保持清醒的头脑，加以抵制，不要为了无中生有的迷信浪费时间、精力和财富，那没有任何意义。

## 简单答案不存在 | 复杂问题很难简单回答

在遇到一些必须面对和解决的问题时，我们都希望有简单的答案。这样的话，我们就可以从麻烦中脱身，可以去看书、看电影，或者出游、健身。遗憾的是，现实并不如人意，在绝大多数情况下，没有简单的解决方式。

为什么简单的答案通常不存在？

> **划重点**
>
> 简单的答案不存在，是因为我们必须面对的重要问题绝大多数是复杂的；而且随着人类文明的推进，必须要处理的争议也变得越来越复杂，答案自然也就随之更加复杂。

正因为简单答案不存在，所以我们不能随随便便地接受任何简单答案，尤其是回答复杂问题的简单答案。近年来，投资者付出了巨大的代价，才得到这个教训：凡是容易口耳相传并被很多人使用的股市赚钱法，往往因为过于简单而无法持续。

所以说，复杂的问题通常很难简单回答，必须要多角度考虑。有些人之所以一再受骗，就是因为他们认为可能存在简单答案，甚至相信可以找到简单答案。结果，他们作出了错误的决策，或采取了不当的举动。

美国"9·11"事件发生后数小时，骗子们就开始利用这个机会发国难财。他们打电话给成千上万的民众，要求他们提供信用卡号与社会安全号码，理由是世贸中心的倒塌让这些数据遭到损坏。

这些打电话的人，声音听起来非常文雅、专业、可信，且他们说的内容也合情合理。但是，如果接听电话的人能够停下来思考15秒钟，结果就会大相径庭。他们没有思考和追问：为什么有人着急要这些资料？难道金融机构在其他地方没有数据的备份吗？为什么是纽约的人打来电话，而不是地方的银行人员？

在上述的事件中，骗子利用了人们希望立刻采取行动的心理，即便他们提出的理由很愚蠢、很荒谬，甚至人们知道或应该知道那些理由是错误的、不恰当的，但还是选择了相信。骗子宣称，这些方法能够以简单的方式解决复杂的问题，而听者相信了。

面对复杂问题，多数人宁愿沉溺在无知中，宁可要一个简单而无负担的答案。他们不愿意进行正确思考，因为太费脑筋；就算能够正确思考，他们通常也不愿意按照思考得出来的结论来行动，这实在令人难过。

但愿我们能够记住这个重要的原则和教训：简单的答案不存在。切忌不假思索地接受任何简单答案，尤其是那些回答复杂问题的简单答案，以免落入陷阱。

## 固定联想 | 大脑的联想是把双刃剑

联想是大脑学习事物的基本原则，一旦两个对象在意识中牢牢地联结在一起，看到其中一个，就会想起另一个。

维珍妮细烟的广告，拍摄得很吸引人。

维珍妮，既是香烟品牌的名字，也是女性的人名。由于维珍妮这个名字经常和年轻漂亮的美女一同在画面中出现，所以人们很自然地产生了"画面中的女子叫维珍妮"的联想，而这恰恰是广告商所希望的。

再看"细"这个字，它准确地描述了这种香烟的外形要比其他品牌的香烟细，但同时它也会让人想到纤细，如纤细的腰围，纤细的身材。在同一脉络中使用具有两种不同意义的字词或措辞，却又没有作任何区分，这种做法就很容易产生"双重意义"。

在维珍妮细烟初上市时，它在广告中显示的双重意义，就让美国联邦贸易委员会感到头疼。可是，烟草公司成功地让委员会相信，香烟名称合理陈述了事实，维珍妮香烟确实比其他牌子的香烟更加纤细。

不过，这个理由并没有减少人们可能产生的固定联想，这也是广告商希望人们产生的联想：维珍妮香烟似乎能够让广告中的女子变得纤细（广告中的那名女子比现实中的多数女子要瘦），推而广之，抽维珍妮细烟可以让女性身材变得纤细。

通常来说，吸烟者的体重会比同年龄、同性别的不吸烟者要轻，但这并不是重点。重点是，广告商借由固定联想希望大众看到维珍妮细烟时能够联想到年轻、性感、纤细、端庄，这才是他们的目的。

> **划重点**
>
> 大脑的联想机制不受理智控制，这也使它成了一把双刃剑：既可以让人类具有极强的创造力，促进科学的发展；又可能因外界施加的影响，产生认知偏差。

现在，我们既然了解了"固定联想"，就要在面对此类问题时，多一点理性和辨别能力。在缺乏证据的状态下接受隐含假定，会让我们的思考远离真相，走向错误。如果我们接受有争议的观点，或在缺乏证据的情况下，理所当然地相信某件事是真的，那么很有可能，是我们在回避问题。

# PART 6

## 精准表达

清晰有效地传递信息

## 直觉思维 | 用未经证明的直觉作为论据

两个闺蜜，相约下午茶，聊起了家庭琐事。

"最近，总觉得他怪怪的。"

"有什么问题吗？"

"说不上来，就是有一种感觉，他肯定有什么事瞒着我。"

"会不会是你多想了？"

"不可能，我的直觉一向很准。"

几日后，两个闺蜜再次相聚，又谈起上次的话题。

"说说吧，你老公到底有没有事情瞒着你？"

"他？再借他几个胆，他也不敢呀！"

"那你上次信誓旦旦地说，人家肯定有事瞒你。"

"好吧，我承认，是我自己的问题。"

"没错儿，你的确有问题，太过相信直觉了，疑神疑鬼的！"

直觉思维，就是对一个问题没有经过逐步分析，仅仅根据内在的感知迅速作出判断、猜想、设想，或者在疑难、迷糊的时候，忽然对问题的一种顿悟，甚至对某件事物的结果有预感等情况。很多哲学家强调过直觉思维的重要性，但从逻辑学上来讲，直觉思维无法作为证据来证明某个观点，因为它没有可信度与说服力。

## PART 6 精准表达 | 清晰有效地传递信息

> **划重点**
>
> 当我们用直觉支撑一个观点时,我们依靠的是内在的感觉或常识,这是一个个性化的东西,其他人没有办法去判断它的可信度。况且,直觉本身是不确定的东西,根据直觉提出的观点本身有待考察,想用直觉作为证据,先要拿出证据证明自己的直觉是可信的。

就拿开篇的例子来说,女士怀疑自己的先生有事瞒着自己,要让闺蜜相信她的直觉,她就得提出一些有力的证据:

——他最近总是偷偷摸摸地接听电话,神色紧张,这在以前是没有过的。

——他以前都是准时下班,最近这些天都要到深夜才回来。

——他把银行卡的密码修改了,且事先没有告诉我。

有了这些论据,她的直觉才变得有说服力。总之要记住,直觉不可以作为直接的证据,只有经过证明的直觉,才能作为论据。

## 诉诸信心 | 想获得信任,得用证据说话

生活中,你有没有过这样的经历?想跟某个人说点什

么，但不是直奔主题，而是先向对方抛出一个疑问："你相信我吗？"看到对方诚恳地点了头，你才有勇气继续往下说，并解释道："如果你不相信我，我说了也没用，说了也没意义。"

> 如果你不相信我，我说了也没有用。

为什么要说这样的一段开场白呢？

多半是因为，如果对方不相信我们，我们会觉得自己内心的感受无法被理解。这种心理是人之常情，特别是在陷入悲痛的境遇下，更是希望得到他人的信任和理解。看似是很平常的情形，也无关紧要，但从逻辑学上来讲，这其实是诉诸信心的谬误。

**划重点**

诉诸信心，就是指依仗信心作为论据的根基，而不是靠逻辑或证据支持。

## PART 6
### 精准表达｜清晰有效地传递信息

诉诸信心有两个误区：其一是以他人对自己的信心为论据，这是一种诉诸非理性的论证方式；其二是先让别人相信自己，而不是先拿出有力的证据取得别人的信任，继而为自己赢得信心，这是一种颠倒的因果关系。

为什么我们要把诉诸信心这一逻辑谬误，特意拿出来讲呢？原因就是，它在生活中太常见，且太容易引发矛盾和争吵了！不信的话，看看下面这段对话，是否似曾相识？

"我现在心里特别烦，谁也无法理解我。"

"你怎么了？跟我说说。"

"你相信我吗？相信我说的话吗？"

"我都不知道你要说什么，怎么回答你呀？"

"算了，你不相信我，我说了也没用！"

"我不是不相信你，我得先听听你说的事情，才能作出判断。"

"你为什么不能先相信我呢？你要不相信我，怎么可能明白我的心情？"

"……"

后面的对话，可能还会继续很久，甚至在说完事情的经过，对方提出了一些正常的疑问后，倾诉者又折回到最初的话题："你这么问，是不是不相信我！""如果你不相信我，你就没办法体会我的心情……"然后，再次诉诸信心。

这样的诉诸信心，实在劳神又费力，且对增强信任没有任何实际的帮助。毕竟，一个人对另一个人的信任，不是建立

167

在"我和你感情好"的基础上,而是建立在事实论据的基础上。想让别人信任自己,与其反复地诉诸信心,不如多说一点诉诸真实的论据。倘若没有真实的论据作为基础,说什么都是苍白的。

## 否定前件 | "如果"与"那么"不能颠倒

堂弟不喜欢学英语,每次谈到英语的用途时,他都会搬出这样的一套逻辑:"如果一个人想要出国,那么他就要学习英语;如果一个人不想出国,那么他就没必要学英语。我不想出国,所以没必要学英语。"

你在生活中肯定也听过与之相似的论调,甚至我们自己偶尔也会在不经意间冒出这样的话。可不得不说,这其实是一个典型的逻辑谬误,即否定前件。

> **划重点**
>
> 在"如果……那么……"的论证结构中,"如果"的部分是前件,"那么"的部分是后件。通常来说,前件是用来证明后件的,且两者不能颠倒。

以堂弟的那番话来说,"如果一个人想要出国,那么他就要学习英语",这是一种肯定前件的推理,即"因为想要出国,所以要学习英语"。谬误的产生,往往是肯定后件,常常使用后件来推导出前件;或者是否定前件,得出与后件相反的结论。

(×)肯定后件:因为他学习英语,所以他一定是想要出国。

(×)否定前件:因为我不想出国,所以没必要学英语。

从本质上说,肯定后件与否定前件是一致的,都是说话者用来混淆视听的。我们很容易就能够发现这里存在的问题:学习英语的人,一定是想要出国吗?不想出国的人,难道就没必要学习英语吗?除了出国,工作和旅行不也需要英语吗?或者,有的人就是单纯喜欢英语,也是可以去学习的。

否定前件之所以说不通,是因为它只给了事件一个原因,而这个事件通常还有很多其他的原因。然而,这个谬误却自动排除了其他可能的原因。

我们可以再看下面这个例子——

"如果我吃太多,我就会生病。因为我没有吃太多,所以我不会生病。"

吃太多与生病之间,有直接的关系吗?生病的原因有很多,可能是淋雨着凉了,可能是被传染了流感,还可能是突发意外,这些都可能引发疾病。

在"如果……那么……"的论证结构中,我们可以肯定前件,也可以否定后件,这都说得通。但是,肯定后件和否定前件，就会出现谬误。

以这一论证为例："如果他游得太慢，他就会输掉比赛。"

（√）肯定前件："因为他游得太慢，所以他会输掉比赛。"

（√）否定后件："因为他没有输，所以他游得不是太慢。"

第一种论证方式叫"肯定前件假言推理"；第二种论证方式叫"否定后件假言推理"，这两种方式都是有效论证。但如果是下面这样的形式，就属于谬误了。

（×）肯定后件："因为他输掉了比赛，所以他游得太慢。"

（×）否定前件："因为他没有游得太慢，所以他没有输掉比赛。"

思考一下：事实真的如此吗？不尽然。

输掉比赛的原因有很多，可能是身体不舒服，无法发挥出正常的水平；也可能是遇到的对手太强，他尽力了，游得比平时都好，但结果还是输了，这些都是有可能发生的。再者，就算他没有游得太慢，也不一定就不会输掉比赛。原因同上，万一他中途腿部抽筋了呢？万一他因身体不适放弃比赛了呢？这些意外状况，也都是有可能发生的。

## 双否定前提 | 双重否定不等于肯定

——假设所有哺乳动物都是温血动物。
——猫是哺乳动物。
——所以,猫是温血动物。

上述的这一推理形式,是典型的三段论,即先列出陈述(通常是两段),也就是前提(大前提是"所有的哺乳动物都是温血动物",小前提是"猫是哺乳动物"),在两个前提的基础上,最后推出"猫是温血动物"的结论。

如果换一种方式,两段前提都是否定的,能不能据此有效地得出结论呢?

> **划重点**
>
> 如果两段前提都是否定的,我们无法据此有效地得出结论。至于人们常说的那句"双重否定等于肯定",在逻辑学的三段论中,是不成立的。

——小王不能加入居委会。
——居委会不能加入企业组织。
——所以,小王不能加入企业组织。

很明显,这个论证是不成立的。虽然小王不能加入居委会，居委会也不能加入企业组织，但小王作为社会成员，是能以应聘的形式加入企业组织的。

——喜欢吃甜食的人牙齿不好。

——有些抽烟的人不喜欢吃甜食。

——所以，有些抽烟的人牙齿好。

很明显，这个论证也是不成立的。前面两个否定的陈述，并没有说明抽烟本身对牙齿健康的影响。有些抽烟的人虽然不喜欢吃甜食，但抽烟行为本身就会损坏牙齿健康。

## 分解问题 | 确保每一个提问精确无误

晓新："美娅，今天周五了，晚上一起吃个饭吧？"

美娅："好啊！难得放松。"

晓新："你想想，我们晚上吃什么？"

美娅："嗯……吃火锅爱上火，日本料理太凉，自助餐一顿下来热量爆表……吃中餐的话，不少餐厅都需要等位子，也很麻烦。"

晓新："说了半天，跟什么都没说一样。"

美娅："我刚刚说了呀！"

晓新："你根本没有回答我，罗列了一大堆，但等于什么都没说。我是在问你，晚上吃什么？去哪里吃？"

美娅："必胜客有点远，海底捞人太多，最近的那家回转寿司，吃过好几次了。"

晓新："好了，别说了，随便挑个地方吧！"

美娅："我不是说了嘛……"

晓新："算了，算了，今天不约了。"

像上面这样的情境，任谁是晓新，都会被闹得心烦。但，问题就只出在美娅身上吗？身为提问者的晓新，就没有值得反思之处吗？当然不是。

美娅没有弄清楚晓新的问题，晓新说的"晚上吃什么"，并不是让美娅罗列出各种选项，而是让她作一个决定。可是，美娅却理解成，晓新就是要让自己罗列出来，结果闹得两人不欢而散。不过，这并不都是美娅一个人的责任，晓新在提问的时候，也没有做到准确无误，让对方轻松听懂。

> **划重点**
>
> 从逻辑学上讲，出现这样的情况，跟不会分解问题有很大的关系。在日常生活中，我们既要学会分解自己的问题——为的是让别人更好地把握我们的问题；也要学会分解他人的问题——为的是减少答非所问的状况发生。

那么，具体该怎么操作呢？我们着重从提问方的角度来学习一下。

### Step 1：确定问题的方向

生活中最简单的疑问句，莫过于"5W+1H"，即：

When——什么时候？

Where——什么地点？

What——什么情况？

Who——什么人？

Why——为什么？

How——怎么？

以上几点就是我们所说的问题的方向，即要询问的是哪个方向上的问题。想知道什么内容，就要选择与之相对应的疑问词来提问。

比如：周末你去了什么地方？你上午和什么人在一起？你昨天为什么不来上学？如果你想询问"那是什么"，就要用"What"，而不能用其他的疑问词；如果你想问"方式"，就要用"How"，而不是其他的疑问词。

### Step 2：着重强调问题的目的

只有问题的目的非常明确，回答者才能把握住提问者想知道什么，想得到什么样的答案，从而让交流更加顺利地进行。

想问哪方面的问题，就要选择恰当的疑问词，以避免问题与我们的意向不一致，得不到想要的答案。比如，想询问时间，就要把提问的重点放在"When"上；想询问是什么，就要着重强调"What"，这样才能让我们的问题更具目的性。

## PART 6
### 精准表达 | 清晰有效地传递信息

#### Step 3：一个问句的疑问词要少于3个

无论提出什么问题，都应当有侧重点，不能一个问句包含太多方向的疑问词。不然的话，回答者很难了解我们到底想要知道什么。通常来说，一个提问最好只有一个疑问因素，一句话只问一个问题方向，以便回答者给出准确的回应。

"赵同学，你昨天下午没来上课，和谁、去哪儿、干什么了？"

上述的这个问句，里面包含了三个疑问因素，让回答者很难第一时间了解，提问者到底想要知道什么。是想问，赵同学和什么人在一起？还是想问，赵同学去了什么地方？或者，赵同学做了什么？该从哪个方向回答，简直是一头

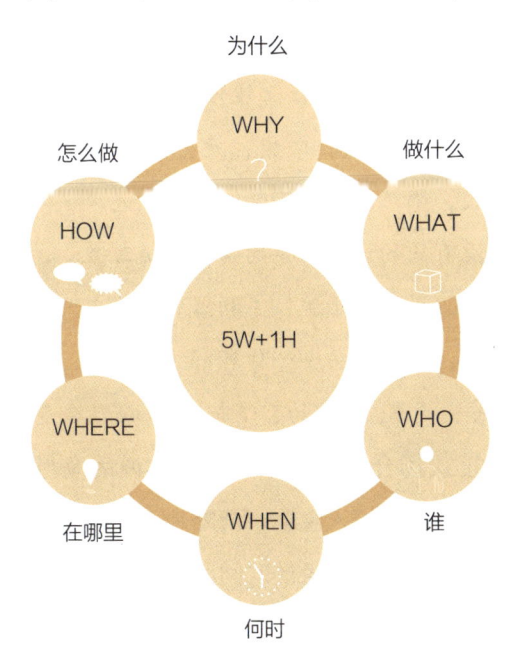

为什么
WHY
做什么
怎么做
WHAT
HOW
5W+1H
WHERE
WHO
在哪里
WHEN
谁
何时

175

雾水。

很多时候,我们不喜欢与人"费口舌",毕竟这是一件浪费时间和精力的事。要避免类似的情况发生,就应当在沟通交流的过程中,有效地分解问题,让每一个提问都十分明确。这样的话,一问一答才能相对应,既不会偏题,又能提高沟通效率。

## 三点式结构 | 将关键信息归纳成三个要点

课堂上,学生提问:"老师,'啰唆'这个词语怎么解释?"

老师拿起粉笔,在黑板上慢慢地写了"啰唆"二字,接着慢腾腾地说:"啰唆,啰唆,就是讲话啰啰唆唆,拖泥带水,啰哩啰唆,绵绵不断,唠唠叨叨,没完没了。说一些没有价值的话、没有用的话、多余的话,就是言多。总的来说,啰唆的意思就是,说话不干脆、不利落。啰唆者,麻烦也;麻烦者,令人心烦,令人厌恶……你理解了吗?"

学生回答:"嗯,从您的言谈中,我知道什么是啰唆了。"

无论是正式场合还是非正式场合,说话应当追求简洁、干净、利索,快速地切入主题,清晰地表达重点,而不是滔滔不绝地讲个没完,耗费听者的时间和精力。冗长的论调,往往会让听者感到厌烦,如果表达再不连贯,更会被人认为说话没有逻辑。

人的记忆力是有限的,在面对一堆杂乱无章的信息时,很容易感到困惑;如果对它们进行归类分组,就可以轻松地记住。

心理学家乔治·弥勒指出:人类大脑一次性无法同时记住7个以上的项目,3个是最合适的。彼得·迈尔斯教授也有相同的观点:"我们要求你严格将中间部分的讲话归纳为3个要点,即使你确定至少有17个要点需要阐述也是如此。3是广泛使用的数字。坦率地说,人们想要处理的事情是3类,容易学习和记住的事情也是3类。"

> **划重点**
>
> 迁移到语言表达方面,我们叙述任何事情也要力求用简洁高效的语言,将问题的核心、解决方案和落地办法等关键性信息传递给对方,最好归纳在3条以内,如:"我要说的有3点:第1点是……第2点是……第3点是……"

一位妈妈在女儿婚礼上致辞时运用了"三点式结构",言简意赅,又令人印象深刻:"我想对女儿女婿说3句'不是':第一,婚姻不是1+1=2,而是0.5+0.5=1。婚后,你们都要去掉自己一半的个性,要有作出妥协和让步的心理准备,收敛自己的锋芒,容忍对方的锋芒。第二,爱情不是亲密无间,而是亲密'有间',彼此相依、相伴、相支持的同时，也要留给自己和对方独立的空间。第三，家不是讲理的地方，而是讲爱的地方……"

在职场和商场上，"三点式结构"也是一个经常被用到的表达方式。

乔布斯在演讲时，总是在进入主题后立刻给出陈述的框架结构："下面我将从三个方面对这个问题进行阐述……"2005年，他在宣布iPod突破性的进展时说："第一点是它超级轻便……第二点是我们开发应用了火线接口……第三点是它具有超长的电池续航时间。"

总体来说，使用"三点式结构"并不难，只是需要做一点准备工作。

开口表达之前，对想说的内容在心里进行一个全盘的规划，明确自己说话的目的，想要表达的观点，以及希望达到什么样的效果。在整体把握后，组织语言，归纳总结出三个要点。如此，就可以让表达变得更加清晰而富有逻辑，吸引听者的注意力。

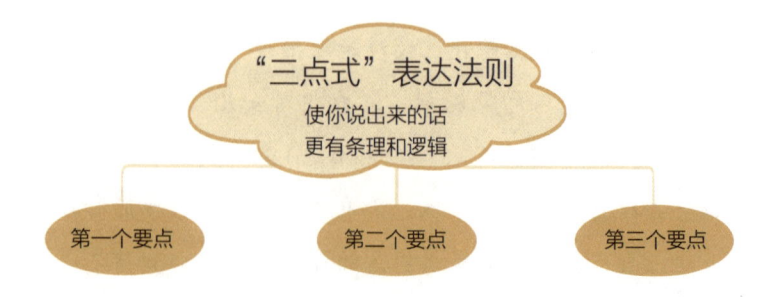

"三点式"表达法则
使你说出来的话更有条理和逻辑

- 第一个要点
- 第二个要点
- 第三个要点

## 命名谬误 | "正确的废话"解释不了问题

看女友脸色不对,你小心翼翼地问了一句:"怎么阴沉着脸?"

女友回答说:"我心情不好。"

看父亲经常醉酒,你私下询问母亲:"爸爸怎么每次都喝醉?"

妈妈回答说:"他处于中年危机期。"

看邻居的儿子哭闹,你连忙问邻居:"孩子怎么了呀?"

邻居回答说:"他犯劲呢!别理他。"

有没有发现,上面的三组对话,看起来像是在沟通,但仔细琢磨会发现,什么实质性的内容也没说?阴沉着脸和心情不好,原本就是同一个意思;喝醉酒肯定是有原因,父亲正处在中年时期,遇到的问题必然是中年危机;孩子哭闹发脾气和方言说的"犯劲"没什么区别……这样的解释,根本就算不上解释,而是命名谬误。

命名谬误在生活中经常会出现,它可以一笔带过地解释一些现象和问题,比如"孩子为什么哭闹、摔东西",是因为"孩子脾气不好、犯劲",看起来像是回答了,但其实阻碍了我们寻找更深刻的原因——孩子哭闹,可能是某些需求没有被看到,这才是解决问题的关键点,也是教育孩子、引导孩子、建立亲子关系的契机。

> **划重点**
>
> 通过贴标签或命名来描述所发生的事实，以掩盖说话者的无知的情况，在逻辑学上称为"命名谬误"。命名谬误很容易给人造成一种错觉，即说话者知道名称，也知道原因。实质上，不过是换个说法重复问题，说了等于没说。

当然，如果有些问题不方便回答，不想让他人知道具体的原因，用简单的命名来回答，也未尝不可。这样既不会驳人面子，也不会让自己难堪，不失为一种良策。

## 同语反复 | 用明确的概念给事物下定义

问：什么是乐观主义者？

答：乐观主义者，就是乐观对待生活的人。

问：什么是工业？

答：工业就是生产工业品的生产部门。

回想一下，在小学或中学阶段，你有没有按照这样的方式回答过考卷上的问题？为什么按照这样的模式解释问题，最后往往都不能得分呢？答案很简单，看看下面这个例子，你就会明白，类似这样的答案，其实等于"什么都没说"。

问：小明是谁？

答：小明是小明爸爸的儿子。

> **划重点**
>
> 下定义，是为了通过一个概念去明确另一个概念。所以，用来解释被定义项的定义项，必须是已经明了的概念。

如果被定义项被用来定义概念，那么定义项本身就成了一个未明确的概念；用一个未明确的概念去解释被定义项，就无法达到明确被定义项的目的。像上述这种回答问题的形式，就属于定义项中直接用到被定义项的概念。

比如，在"乐观主义者就是乐观对待生活的人"这句话中，定义项"乐观对待生活的人"，仅仅是对被定义项"乐观主义者"的字面解释，等于定义项中直接用被定义项概念，这种逻辑错误被称为"同语反复"。

所以，要明确"乐观主义者"，就必须明确"乐观"这一概念，只有表述出了它的真正意思与内涵，才能就"乐观主义者"给出一个详细、明确的解释。

## 无足轻重 | 论辩举证，切记讲出真因

兄弟两人是双胞胎，哥哥长期吸烟，弟弟则从不碰烟。

哥哥："活了六十年了，你还没抽过烟，要不要尝一根？"

弟弟："我才不要，烟又不是什么好东西。"

哥哥："不抽拉倒，我自己抽。"说完，就点了一根烟。

弟弟："你明知道我不抽烟，还当着我的面抽，真缺德。空气质量就是被你们这些烟民弄得越来越差，赶紧戒了吧，害人害己。"

哥哥："瞧你说的，忒夸张了！抽烟怎么可能导致空气质量变差？空气质量差，是因为工业排出的废气，汽车排放的尾气，还有人类对大自然的破坏，跟我抽烟没关系。"

弟弟："你一个人抽烟肯定没多大影响，可世界上每天那么多人抽烟，肯定会影响空气质量，这一点你不用争辩。"

哥哥："照你这么说，全世界的人每天都要放屁，大家放的屁，是不是也会影响空气质量呢？"

弟弟："当然，这都有影响。只不过，放屁是正常的生理现象，没办法控制。可抽烟不一样，是可以控制的，是可以

戒掉的！"

……

两个人就这个问题争论不休。你觉得，弟弟说的"抽烟会影响空气质量"，符合逻辑吗？乍一听，似乎有点道理，每天那么多人吸烟，吐出来的烟积少成多，肯定会影响空气质量。但其实，这是一个谬误，它犯了"无足轻重"的逻辑错误。

> **划重点**
>
> 无足轻重，是指在论辩中，举出无足轻重的次要原因论证，遗漏了真正的主因。

以空气污染这件事来说，吸烟造成的烟雾并不是空气污染的主要原因，工业排出的废气、汽车排放的尾气、人类对大自然的破坏，这些才是导致空气质量下降的主要原因。

通常，出现无足轻重的逻辑谬误的原因有两种：第一种，诡辩者举出的原因，根本不能称为原因，也就是说，这个原因本身是错的；第二种，诡辩者举出的原因，只是原因之一，而且是无关紧要的一个原因，不足以从本质上决定事物的发展。

## 善用数字 | 数据传递的信息更直观

拿破仑有一次在检阅军队时,指挥官按照惯例跑到拿破仑跟前,他以清晰的口吻报告:"报告将军,本部已集合完毕。本部官兵应到3444人,实到3438人,请检阅!"

听到这样的报告,拿破仑非常满意,点头说道:"很好。"随即,他又对身后的参谋说:"记住这个指挥官的名字,数字记得这么准确的人应该受到重用。你们以后也要向他学习,汇报时尽量用精确的数字说话,不要说大概、也许、可能、差不多。"

在沟通表达时,如果你一直都是用文字来陈述,那么在看完这个故事之后,希望你能够树立一种全新的意识:在工作和生活中,学会用数字为自己说话。

### 划重点

相比含糊的文字描述,具体的数字更适合运用在沟通之中。通过数字的列举,可以带给对方直观的感受,让对方在最短的时间内真正地理解你要表达的内容,从而实现快速有效的沟通。

假设,现在要为一则帮助贫困儿童的公益广告撰写文案，你认为怎样表达更合适？

最初你可能会想到，用语言来呼吁大家关注贫困儿童。然而，稍作思考你就会排除这种方式，因为它太过平淡了。无论是观众还是听众，对于你所讲述的事情根本没有概念，自然也就不会产生多少共鸣。可是，如果在陈述中融入数字，效果就不一样了。

"零下14℃的天气，有5个孩子只穿着秋衣秋裤，有2个孩子连鞋子都没钱买。因为没有交通工具，每天他们要徒步10050米，花费3~4小时前往学校。他们的午餐是1个馒头，1包咸菜，1杯白开水。像这样的孩子，这一地区还有数万个……"

数字是真实的、具体的，可以让人在脑海里形成清晰的图像，这往往比修辞更能给人留下深刻的印象。在沟通的过程中，如果能够巧妙地运用数字，可能只需要几句话，就可以精准地传达信息，实现沟通目的。现实中有不少成功沟通的案例，都可以证明这一点。

我国申办2008年北京奥运会时，使用了一系列切实的数据，给投票委员们带来了不小的影响："在4亿年轻人中传播奥林匹克理想""通过了一个12.2亿美元的预算""95%以上的人民支持申办奥运""60万志愿者随时准备投入奥运会""北京的财政收入增长超过20%"，等等。

看，这就是数据的力量，这就是铁的事实，比任何苦口婆心的解说都更有说服力。

在运用数字进行表达时,有几个需要注意的问题:

**确保数据的真实性和准确性**

运用数据阐述观点的前提是,确保数据的真实性和准确性。如果所用的数据不够真实或准确,数据就丧失了意义。最为严重的是,对方一旦发现数据存在虚假或错误,就会认定你在欺骗和愚弄他。失去了信任感,沟通将无法继续。

**使用数据要适可而止**

使用数据可以在恰当的时候很好地说明一些问题,但也要适可而止,不能滥用各种数据。过于频繁地使用数据,会让对方感到麻木甚至厌恶,反而难以达到预期的沟通目的。

**数据储备要适时地更新**

数据是不断变化的,在列举数据的过程中,不能把数据看作是一成不变的,要根据实际情况的变化,不断更新数据储备。

## 融入假设 | 为观点增加有力的支撑

有句话你可能听过:"世上没有如果,只有结果。"这句话是在提醒我们,要学会接受现实。可即便如此,我们还是忍不住在某些时刻对自己说:"如果……"值得庆幸的是,这也并不是一件绝对的坏事。

> **划重点**
>
> 在逻辑学上，如果自身的观点说服力较弱，可以加入假设来作为支撑。

为什么在表达时加入假设，可以增强说服力呢？

### 假设可以丰富话语

当你说了一个已经存在的事实之后，可以利用假设来讲一些虚拟和想象的状况，以此增强感染力，如：话说到一半"卡壳"时，不妨说"如果……就……""要是……就……"或者"让我们来想象一下……"这些都属于假设。

### 假设可以活跃思维

创造力与想象力密不可分。当思想失去了想象力，就会变得刻板而没有活力。在思考问题和表达观点时，如果总是"一根筋"，听起来就显得很呆板、死气沉沉。倘若展开想象与假设，就能够跳出狭隘的格局，让思路活跃起来。

上述的这些假设，看似都是不切实际的想象，可当你真的用心去思考它们的时候，你是在跟自己进行深度的联结，并可以借此探寻到心中最真实的想法、最在意的东西、最迫切的希望、最渴望满足的需求等。当然，还可以展现出你的见识与格局。

可能有些人会质疑：自由奔放的想象与严谨周密的逻辑思维，不是对立的吗？

请大胆假设

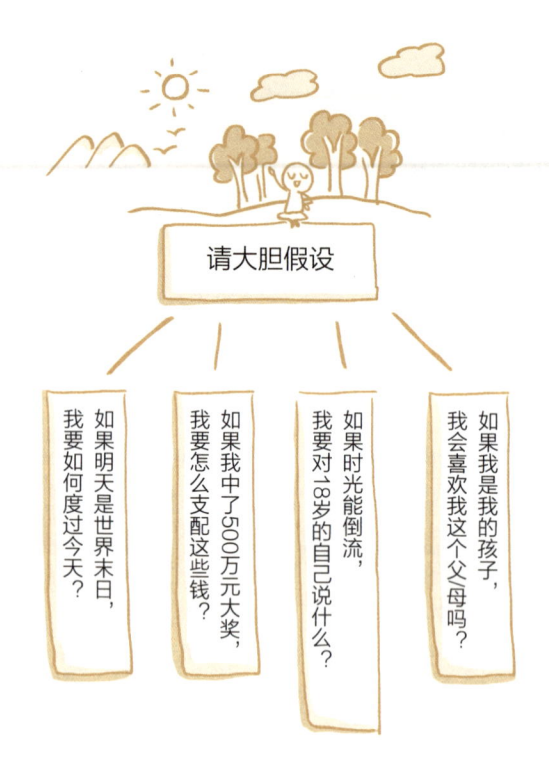

- 如果我是我的孩子，我会喜欢我这个父母吗？
- 如果时光能倒流，我要对18岁的自己说什么？
- 如果我中了500万元大奖，我要怎么支配这些钱？
- 如果明天是世界末日，我要如何度过今天？

其实，这是一种错误的认知。逻辑思维是指遵循客观规律和主观思考的思维方式，想象作为一种思维活动，必然也有其内在的思维规律性。更何况，想象不是漫无边际地胡思乱想，而是需要满足逻辑自洽性的合理假设。

你去看科幻小说时会发现，虽然作者凭空假想出了一个虚拟的世界，但那个世界依然有其内在的逻辑，小说里的任何一个情节都经得起自圆其说的考验。如若破绽百出、前后矛盾、不合逻辑，谁会浪费时间去读它呢？

### 假设可以增强说服力

没有人能够轻易地被另一个人说服,除非他愿意,而愿意的原因是趋乐避苦。

人都会追求自己喜欢的东西,同时有逃避痛苦的倾向;两者相比,逃避痛苦的驱动力更强。假设之所以能够增强说服力,就是因为它能够展现诱惑或威胁。

假设的说服力

凸显诱惑:"买这款眼镜,半年内涨度数免费换新!"

强调威胁:"今天工作不努力,明天努力找工作!"

一个真实的假设,往往能够让某些情形灵动地呈现在眼前,让真理浮出水面。

学会以假设作为前提和基础,无论面对什么样的状况,都可以有条不紊地分析问题,而不至于陷入困境。同样,在表达观点时融入假设,也更容易说服他人。

在此需要重申的是:千万不要把假设和结论混为一谈。假设是由数据和信息建立起来的,它不是事件的结论。只通过凭空的假设是没办法解决问题的，要在对假设进行验证的过程中，不断对其进行推导，得出相应的结论，才能解决问题。

# PART 7

## 释放思维

### 打破思维定式的桎梏

## 鸟笼逻辑 | 挂鸟笼不一定非要养鸟

很多女性朋友喜欢买衣服,且有过这样的购物体验:

看到一件上衣正在打折,价格非常合适,就忍不住买下了。回家之后,穿着这件上衣照镜子,忽然觉得好像没有合适的裤子搭配它,怎么办?难道要把新买的衣服送人?想想又舍不得。结果,为了能搭配这件上衣,只好又去买了一条裤子。

> **划重点**
>
> 人在遇到某一问题时,通常会先入为主地按照自己熟悉的某个方向或途径去联想,把自己遇到的问题纳入熟悉的框架进行思维分析,从而让思维形成一种惯性。

为什么会出现这样的情况呢?其实,这就是被称为人类无法抗拒的十大心理之一的鸟笼逻辑。有关鸟笼逻辑的故事,你可能也听过,我们在此简单回顾一下。

甲对乙说:"如果我送你一只鸟笼,挂在你家中最显眼的地方,保证过了不多久,你就会去买一只鸟回来。"乙不信,说:"养只鸟多麻烦啊,我不会做这种傻事。"

于是,甲就去买了一只漂亮的鸟笼挂在乙的家中。接下来,只要有人看见那只鸟笼,就会问乙:"你的鸟什么时候死的,为什么死了啊?"不管乙怎么解释,客人还是觉得很奇怪,如果不养鸟,挂个鸟笼干什么?

最后,乙只好去买了一只鸟放进鸟笼里,以避免无休止地作解释。

### 鸟笼逻辑

人们会在偶然获得一件原本不需要的物品的基础上,继续添加更多与之相关而自己不需要的东西。

突破惯性思维,敢于挂出空鸟笼,成为一个有主张的人。

人们习惯性地认为,只有鸟才会生活在鸟笼里,有鸟笼就证明养过鸟。实际上,这是一种逻辑谬误。如果一个鸟笼设计得精巧漂亮，完全可以当成一件艺术品、观赏品，未必要用它来养鸟；结婚并不一定要先买房，租房过日子，或是先结婚后购房，也是可行的选择……不要用惯性思维去看待生活中的很多问题，尝试突破鸟笼逻辑，进行发散思维，也许会发现鸟笼以外的另一个世界。

## 绝对化谬误 | 对待不同的事物要辩证分析

古希腊哲学家苏格拉底很擅长辩论。下面的这组对话，就是他与欧西德的一场辩论：

欧西德："我所做的事情，没有不正的。"

苏格拉底："什么是'正'，什么是'不正'？你觉得，虚伪是'正'还是'不正'？"

欧西德："不正。"

苏格拉底："偷窃呢？"

欧西德："不正。"

苏格拉底："侮辱他人呢？"

欧西德："不正。"

苏格拉底："克敌而辱敌，是'正'还是'不正'？"

欧西德："正。"

苏格拉底："诱敌而窃敌物，是'正'还是'不正'？"

欧西德："正。"

苏格拉底："你刚刚说，侮辱他人和偷窃都是'不正'，可为什么现在又说，侮辱他人和偷窃是'正'呢？"

欧西德："对朋友和对敌人，当然是不一样的。"

苏格拉底："将军为了给士兵鼓劲儿，欺骗他们说'援兵就要到了'，结果士兵们打了胜仗。将军的欺骗行为，是'正'还是'不正'？"

欧西德："正。"

苏格拉底："你刚刚说，'不正'只可对敌人，不可对朋友，现在为什么又认同'不正'可以对朋友了呢？"

欧西德："……"

面对这样的质问，欧西德真的很难自圆其说。借此，我们应该看清一个事实：回答问题太过绝对，会让自己很被动。欧西德在回答苏格拉底的问题时，就犯了逻辑学上的绝对化谬误，没有具体问题具体分析，结果被苏格拉底抓住了把柄，不断地反击，最终无言以对。

> **划重点**
>
> 绝对化，意味着走极端，意味着不科学，意味着不合逻辑。如果我们不分情况、地点和说话对象，一味地认为某些逻辑必然是对或错，就很容易闹出笑话，犯下谬误。

也许在我们的意识中，也认为羞辱、偷窃是绝对的"不正"，但又不得不承认，在某些时候，这两种行为是可以容许的。毕竟，世界上的很多事物是有两面性或多面性的，需要具体情况具体分析，而不能一概而论。

唯心主义哲学家王阳明，曾经带着两个学生去拜访朋友，其间发生了两件事：

朋友家养了两只鹅，一只会叫，另一只不会叫，朋友让仆人把那只不会叫的鹅杀了，用来款待王阳明。借此，王阳明教育学生说："你们看，不会叫的鹅被杀了，会叫的鹅还活着，所以有才的，才能长寿。"

吃过饭后，王阳明带学生去后山游览，看到两棵大树，一棵长得笔直，另一棵长得弯曲，而有两个人正在砍伐那棵笔直的树。借此，王阳明又教育学生说："你们看，笔直的能成材，就会被砍掉；弯曲的不能成材，就会被留着，所以无才的，才能长寿。"

两个学生听得糊涂了，其中一个忍不住问王阳明："老师，您刚刚说有才的才能长寿，现在为什么又说无才的才能长寿呢？"

王阳明解释道："'有才的才能长寿'与'无才的才能长寿'都没有错，它们针对的是不同的对象、不同的条件而言的，两者并不相斥，也没有犯逻辑错误，它们相对于各自所处的事件、地点、条件而言，都是正确的。"

在生活中，拥有辩证思维非常重要。对待不同的事物，我们需要具体分析，且还要辩证分析。

## 虚假两分 | 永远不要忽略第三种可能

小孩子看电视剧的时候，最喜欢问一个问题："这个人是好人，还是坏人？"

在孩子的意识里，世界上只有两种人，要么是好人，要么是坏人；好人是值得相信的，坏人是要远离的。他们并不知道，世界上的人形形色色，不能简单地用好与坏来进行分类。

对于许多重要的问题，我们无法用简单的"是"与"否"来回答。童言无忌，天真可爱，但若一个成年人也习惯用非黑即白、非是即否、非好即坏、非对即错的方式来思考问题，那他就犯了虚假两分的逻辑谬误。

> **划重点**
>
> 虚假两分的思维方式，会把一个存在多种可能的答案，假设成只有两个可能的答案。当我们把结论框在两个以内的时候，视野会被限制，思维也会遭到严重的束缚。

某建筑公司的老板到学校接孩子回家。在教学楼门口，

## 虚假两分

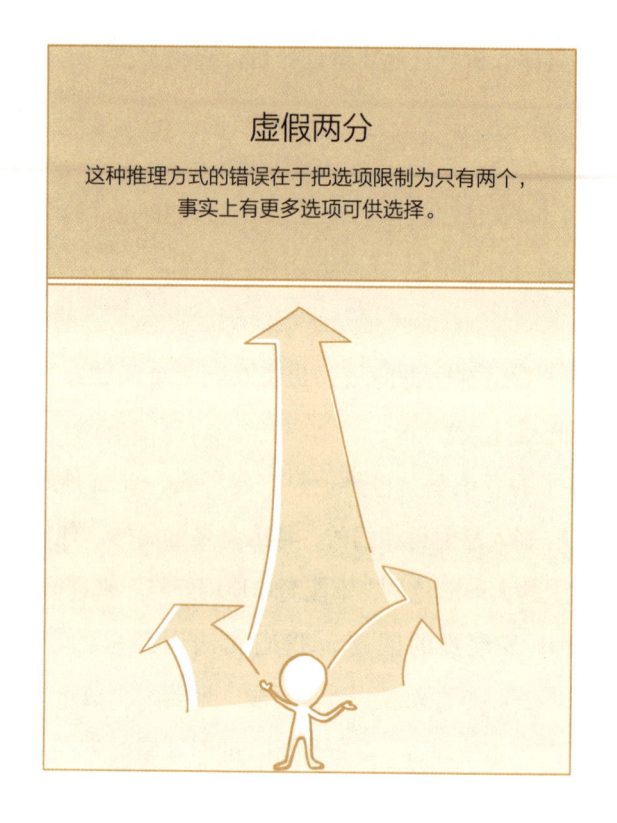

这种推理方式的错误在于把选项限制为只有两个，事实上有更多选项可供选择。

他恰好碰上了该校的校长。他和校长是旧相识，就闲聊了几句。其间，他指着较为陈旧的教学楼说："校长啊，咱们这教学楼太旧了，看起来不怎么牢固，万一发生地震，真是扛不住啊！你们要么把它拆了重建，要么就只能让学生冒着生命危险上课了。"

校长一听，就意识到自己这位朋友是在耍心眼儿，目的是想让他拆除旧教学楼，从而承揽下这个项目。于是，校长笑呵呵地回应："你不知道吧，我们这栋大楼刚刚通过抗震能力

PART 7
释放思维｜打破思维定式的桎梏

检测，建筑质量完全没问题。我们也决定，下个学期对它进行检修，杜绝安全隐患。"

听完校长的这番话，建筑公司老板知道，自己再说下去也没意义了，不可能拿到这个工程。随后，他就随便应付了几句，主动告辞了。

建筑公司老板的说法：要么拆了教学楼重建，要么继续让学生冒着生命危险上课。在这两个选项中，显然前一个选择更好，但问题在于，后一个选项是真实存在的吗？当然不是，这只是建筑公司老板的个人观点。那栋教学楼或许只是看起来很旧，实际上却很牢固，而校长后来的解释，也印证了这一点。

从另一个角度来说，除了建筑公司老板提到的两种可能，难道就不存在其他的可能吗？肯定也不是。

就这件事而言，解决教学楼陈旧的问题，有不少可取方案，但建筑公司老板说的是两个最极端的选择。既然是极端的选择，也就意味着不是最佳的办法。因此，只要找出比这两种办法更好的选择，就可以驳斥对方的虚假两分诡辩。

了解了虚假两分的逻辑谬误，有助于我们用开放性的思维去想问题，特别是在遇到挫折的时候，能够及时地提醒自己和他人：还有第三种可能！这样的话，就不会把一个问题往极端了想，也不会因为一次偶然的失败，就彻底丧失自信，认为人生一片黑暗，自己没有任何价值。

从表面上看，遇到挫折一蹶不振，似乎是心态过于悲观，但其实是陷入了虚假两分的逻辑陷阱。稍加分析就可以知道，这是把人生错误地分为了两个极端，一个是正极端，一个是负极端，不是这个，就是那个，没有中间状态。

遇到这样的时刻，我们要记得告诉自己，告诉他人：人生并不是只有两种可能，还有无限种可能。高考落榜了，复读也有可能重新实现梦想；即便不复读，还可以选择专科学校；失恋了还可以再恋爱，也许能找到更适合自己的人……当我们意识到第三种可能存在时，我们就从牛角尖里钻出来了，并欣喜地发现，人生不存在绝境，处处都有转机。

## 触类旁通 | 由此及彼，解救思维卡壳

18世纪50年代，奥地利有一位知名的医生，名叫奥恩布鲁格。他救下过许多生命垂危的病人，因而声名远扬。

有一回，奥恩布鲁格为一名患者诊断病情，经过仔细检查后，却没看出对方得的究竟是什么病。为此，他只好让患者留院观察。几天以后，患者突然死亡。奥恩布鲁格十分不解，为了弄清楚原因，他申请了尸体解剖。结果发现，这名患者的肺部严重化脓，胸腔中全是脓水。他认为，是自己的失职导致了患者死亡，因而决定要找出彻底根治这种病症的方法。

一日，他看到经营酒业的父亲正在用手敲打装酒的坛子，根据不同的声音判断酒坛中所盛酒的容量。看到这一幕，他有一种豁然开朗的感觉——人的胸腔和酒坛，不是很相似吗？用敲击的方法，能不能查出胸腔中是否有积水呢？

很快，奥恩布鲁格就把这种设想运用到了临床诊断中。经过大量的试验，他终于成功找出了胸腔疾病与敲击声音变化之间的关系，发明了"叩诊"这一著名的医学诊断方法。

人的思维能力，或多或少会遇到"卡壳"的时候，这也是我们常说的思维障碍点。那么，遇到这样的情况时，我们该怎么处理呢？

我们要对自己的知识脉络进行梳理，促使思维快速地适应当前的情况，并抓住这样的机会，让思维能力得到进一步的发展。比如：在处理事情时，可以把遇到的问题进行转换，用一系列手段把新的问题转化为过去遇到过的问题，也就是触类旁通。

> **划重点**
>
> 触类旁通，是指根据当时的具体情况对问题进行分析和归纳，通过逻辑推理在思维形式上做到具体与抽象的整合，实现求同存异，在一般规律中发现特殊规律。

世界上的很多事物之间存在或大或小的差别，但同时也存在或多或少的联系。通过有逻辑地归纳，并对已经掌握的知识进行区分，我们就能逐步构建起比较完整的知识脉络，并发展出众多的思维方法，从而让自身的思维能力得到发展，避免思维定式。

## 追踪思维 | 追根溯源，找出问题的真因

有一天，丰田汽车公司的一台生产配件的机器在生产期间突然停了。经过检查发现，问题是保险丝断了引起的。正当一名工人拿出一根备用的保险丝准备去换的时候，一位管理者看到了，他决定通过提问来彻底来解决这个问题。

问："机器为什么不运转了？"

答："因为保险丝断了。"

问："保险丝为什么会断？"

答："因为超负荷导致电流过大。"

问："为什么会超负荷？"

答："因为轴承不够润滑。"

问："为什么轴承不够润滑？"

答："因为油泵吸不上来润滑油。"

问："为什么油泵吸不上来润滑油？"

答："因为油泵产生了严重的磨损。"

问："为什么油泵会产生严重的磨损？"

答："因为油泵没有装过滤装置而使铁屑混入。"

经过不断地追问，最终找出了事故的真正原因。接下来，只要在油泵上装上过滤器，就不会再导致机器超负荷运转，也不会经常烧断保险丝了，继而保证机器正常运转。

如果当一个"为什么"解决后，就停止了追问和思考，认为问题已经解决，那么不久后"保险丝"依然会断，问题还会反复地出现。

> **划重点**
>
> 追踪思维，是指按照原思路刨根问底，穷追不舍，直至找出自己满意的答案。

头痛医头、脚痛医脚，不是解决问题的良方，透过现象看本质才是关键。我们在生活中需要建立追踪思维，用心寻找那些常被人忽视的地方，以及不引人注意的线索。这种细致的观察与思考，以及追问到底的态度，能够帮助我们找出某些问题的最终原因，并有效地解决问题。

## 小集团思维 团队里要有不同的声音

猪湾事件，是1961年4月17日在美国中央情报局的协助下逃亡美国的古巴人在古巴西南海岸猪湾,向菲德尔·卡斯特罗领导的古巴革命政府发动的一次失败的入侵。对美国来说,这次未成功的进攻,不仅是一次军事任务的失败,也是一次政治决策的失误。

猪湾事件后,肯尼迪总统曾愤怒地问道:"我们怎么会这么蠢?"

他得到的答案是:"团体中的成员太蠢。"

现实是不是这样呢?让我们看看入侵猪湾的计划者都有哪些人——罗伯特·麦克纳马拉,道格拉斯·狄龙,罗伯特·肯尼迪,麦乔治·邦迪,阿瑟·施莱辛格,迪安·腊斯克,艾伦·杜勒斯……试问,有哪一个是蠢人?

真正的问题出在哪儿呢?答案是,决策过程出了问题,也就是小集团思维。

小集团思维,最早出现在欧文·贾尼斯1972年出版的著作《小集团思维的牺牲品》之中。他在书中分析了团体决策失误的原因:凝聚、孤立与压力,让团体成员过早达成共识以支持领导者最初的任何提议。团体领导者,通常会片面地拣选肯定自己与团体意见的证据,却没有思考其他与团体立场相违的证据。

入侵猪湾的计划者们,毫无疑问是聪明的,可为什么他们会惨遭失败?

第一,他们知道自己很聪明,自认为不可能失败。但事实是,聪明人也可能作出愚蠢的决定。因为真正重要的不是你

## 小集团思维的四大逻辑特征

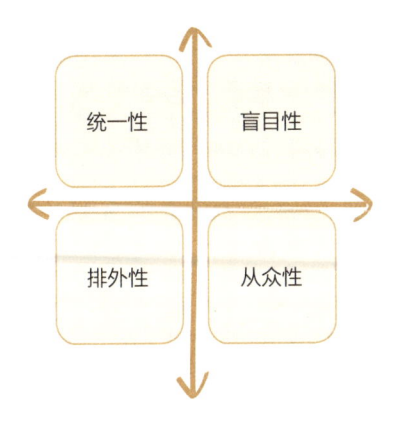

- 统一性
- 盲目性
- 排外性
- 从众性

有多聪明,或有多愚蠢,而是你有多正确,你对事物的推理有多透彻。要控制局势,靠的不是意见、智商、名声和过去的经验,而是以证据支持的推理。支持结论的证据越多,结论就越可能是正确的。

第二,团体中的个别成员不想提出反对意见。他们一方面担心自己的说法遭到嘲弄,另一方面不想浪费团体的时间。施莱辛格曾在备忘录中表示,入侵古巴是不道德的,但在团队会议时却没有表态,因为肯尼迪告诉他:总统已下定决心,多说无益。

第三,几乎没有其他的选择可以考虑。肯尼迪在行动失败后试图解释这个错误:"中情局只给我们两个选择,入侵或什么都不做。"这个说法是真是假,不得而知。但真相是,总统可以改变自己的决策,真正的主导者是他,并不是中情局。

第四，团体领袖肯尼迪早就表明自己支持入侵行动。这让其他成员产生了一种错觉，觉得政策已经决定了，反对总统可能会给自己带来政治风险。

第五，这项决策很重要，也很复杂，总统又在压缩成员讨论的空间，让他们面对极大的压力与束缚。人在压力下所作的思考，通常不如在放松状态下的思考更为周全。

> **划重点**
>
> 社会情境与群体压力，对人的实践、判断和信念有很大的影响。与团体一致是普遍的做法，可当为了顺从团体而违背现实原则，纯粹以团体的想法作为判断基础时，就会犯小集团思维的错误。

小集团思维是一种思考谬误，让人脱离现实，得出错误的观点，甚至导致灾难。借助猪湾事件的惨败，我们也该受到警醒：当自己的意见依赖于别人的意见，而非自己思考过的判断时，我们很可能是错的。

## 求易思维　解决复杂问题的底层逻辑

一家杂志社曾经举办过一项有奖征答活动，奖金很高，

PART 7
释放思维｜打破思维定式的桎梏

题目颇有趣味：

一个热气球上，载着三位关系着人类命运的科学家。第一位是粮食专家，他能在不毛之地甚至在外星球上，运用专业知识成功地种植粮食作物，使人类彻底摆脱饥荒；第二位是医学专家，他的研究可拯救无数人的生命，使人类彻底摆脱癌症、艾滋病之类绝症的困扰；第二位是核物理学家，他有能力防止全球性的核战争，使地球免于遭受毁灭的绝境。由于载重量太大，热气球即将坠毁，必须丢出去一个人以减轻重量，使其余的两人得以存活。请问，该丢出去哪一位科学家？

征答活动开始后，社会各界人士广泛参与，一度引起了某电视台的关注。在收到的应答信中，每个人都绞尽脑汁，发挥自己丰富的想象力，阐述他们认为必须将哪位科学家丢出去的原因。那些给出妙论的人，并没有得到奖金，最终的获奖者是一个14岁的男孩。他给出的答案是：把最胖的那位科学家丢出去！

这个故事告诉我们，很多事情其实很简单，只是我们把它想得太复杂了。无论生活还是工作，具备求易思维很重要，因为它能立刻让我们找到问题的关键，让问题迎刃而解。换句话说，逻辑思维的本质，就是化繁为简，找到解决方法。

> **划重点**
>
> 化繁为简，就是把重复、不相关、不重要的全部剔除，只保留与目标最相关的因素，并将它们按照叙事性的逻辑结构重新组合。

以上面的例子来说，既然是由于载重量太大，热气球即将坠毁，必须丢出去一个人以减轻重量，那么"重量"就是与目标最相关的因素。这个时候，最该丢出去的显然就是体重最大的那位科学家，这是解决问题最直接、最有效的选择。

曾任苹果公司总裁的约翰·斯卡利说过，"未来属于简单思考的人"。化繁为简，可以让工作变得可行，帮我们逃离忙碌的苦海深渊，轻松完成任务。

## 组合思维 | 巧妙联结，实现1+1＞2

两个饥饿的行者，得到了一位好心人的救助，他们分别得到了一篓鱼和一根鱼竿。在得到礼物后，两人就分道扬镳了。

得到鱼的人，找了干柴搭起篝火，美美地吃了一顿烤鱼。一篓鱼原本也没有多少，很快他就吃光了，最终没能逃脱被饿死的结局。得到鱼竿的那个人，日子也不好过，忍饥挨饿地走到海边，还没钓到鱼，就已经精疲力竭，最终在饥饿和疲惫中死去。

后来，又有两个饥饿的行者，也得到了那位好心人的救助。他们获得的礼物，和前两个人一样，也是一篓鱼和一根鱼竿。不过，他们没有分道扬镳，而是选择并肩前行。

他们先是烤了两条鱼，补充体力。然后，带着剩下的鱼和那根鱼竿，去寻找大海。途中，饿了的时候，他们就烤一条鱼吃，有了力气后再继续赶路。

经过一段时间的长途跋涉，他们终于来到了海边，过上了靠捕鱼为生的日子。几年后，他们俩都盖起了房子，各自也有了家庭、子女，还有自己的渔船。

这个故事的寓意显而易见：单一的资源和力量是有限的，"组合"才能走得更远。

> **划重点**
>
> 组合思维，是把多项貌似不相关的事物通过想象进行联结，从而使之变成彼此不可分割的、新的整体的一种思考方式。

组合思维的形式，主要有以下几种：

### 同类组合

把若干相同的事物组合在一起，如：双排订书钉、双层文具盒。

### 异类组合

两种或两种以上不同领域的技术思想的组合，两种或两种以上不同功能物质产品的组合，如：钢筋混凝土、香味橡皮、音乐贺卡。

### 重组组合

在事物的不同层次分解原来的组合，再按照新的目标重新安排，过程中通常不增加新的东西，只是按照预定的目标改变事物各组成部分之间的相互关系，如：折叠自行车，手柄式、并列式的吸尘器等。

### 共享组合

把某一事物中具有相同功能的要素组合在一起，以实现共享，如：吹风机、卷发器、梳子共用一带插销的手柄。

### 补代组合

通过对某一事物的要素进行摒弃、补充和替代，形成一种在性能上更为先进、新颖、实用的新事物，如：银行卡代替存折、拨号式电话改成键盘式。

### 概念组合

以词类或命题进行组合，即对各类组合的综合运用，具有系统性、完整性、全面性、严密性，如：阿波罗登月计划。

总之，组合思维能够把我们日常熟悉的东西重新组合并构成一个未知的、富有新意的事物。这种思维方法通常可以创造出新的事物，虽然简单，却很有效。

## 逆向思维　不走寻常路，反其道而行

拍摄集体照的经历，大家应该都体验过。通常来说，照相的姿态不会有太大的问题，最难的就是，在按下快门的那一刻，保证所有人都睁着眼睛。因为在看集体照时，我们总会发现个别人的眼睛是"眯着"的，当事人看了很不爽：为什么把我拍得那么丑？

回顾一下拍照的过程：一般的摄影师都是喊"1、2、3"，提示大家要拍照了，然后再按快门。但人总是要眨眼睛的，在调整了位置后，再喊"1"和"2"，很多人就已经坚持不住了，到"3"的时候，上眼皮就找下眼皮了。

有一位摄影师说，他拍集体照很少出现"眯眼"的情况。因为，他的思路跟其他人不一样：先让所有拍照的人都闭上眼，听他的口令，也是喊"1、2、3"，当他喊到"3"的时候，所有人要一起睁开眼。这样的话，照片冲洗出来，很少有人闭着眼睛，且大家的眼睛比平时睁得更大、更精神。

面对难题时，人们都习惯按照熟悉的常规思维路径去思考，即正向思考。按照这种方式，有时能够找到解决问题的方法，收到令人满意的效果。但实践中也有一些问题，用正向思维去解决，收效甚微，这时候就可以反其道而行，逆向思考。

> **划重点**
>
> 逆向思维，是指跳出常规思维，对司空见惯的、似乎已成定论的事物或观点进行反向思考，从问题的对立面深入地进行探索，寻求解决之道。

任何事物都有多方面的属性，如果只看到熟悉的一面，而对另一面视而不见，会陷入思维的死角。若懂得逆向思考，往往能够出人意料，带来耳目一新的感觉。不过，在采取逆向思维的时候，有两个问题需要注意：

### 要深刻认识事物的本质

所谓逆向，不是简单的、表面的逆向，不是别人说东，我偏要说西，而是真正从不同角度思考，做出独特的、科学的、令人耳目一新的、超出正向效果的结果。

### 坚持思维方法的辩证统一

正向与逆向原本就是对立统一的，不可完全分割。所以，在采用逆向思维时，也要以正向思维为参照、为坐标进行分辨，才能显示其突破性。